Ruth Maria Wallner

Ziegen wie wir

Porträt eines Haustiers

VERLAG BERGER

Impressum
© Verlag Berger Horn/Wien, 2015
Herausgeber: Ruth Maria Wallner
Covergestaltung und Layout: Martin Spiegelhofer
Druck: Ferdinand Berger & Söhne GmbH, 3580 Horn

2. Auflage 2018
ISBN 978-3-85028-736-4

Für meinen Mann Hans

INHALT

Dank

Wenngleich auch nur eine das Werk verfasst hat, so bedurfte es doch vieler, damit dieses Buch zustande kommen konnte. Ich danke allen, die am Entstehen mitgewirkt haben: meinen Züchterkolleginnen und -kollegen dafür, dass sie ihre Erfahrungen mit mir geteilt haben; den Spendern von Bildmaterial, allen voran Herrn Professor Helge Reindl, der mein Archiv über viele Jahre aus für mich unerreichbaren Quellen gespeist hat. Ferner danke ich den Lektorinnen des Manuskriptes für ihre wertvollen Anregungen; den Förderungsgebern, insbesondere Herrn Direktor Karl Kendler, ohne deren Unterstützung eine Veröffentlichung nicht möglich gewesen wäre; weiters dem Team vom Verlag Berger für die einfühlsame Umsetzung der Publikation. Ganz besonderer Dank gilt aber auch den vielen Ziegen, die mein Leben in den letzten zwanzig Jahren begleitet haben. Sie waren weit mehr als Studienobjekte oder landwirtschaftliche Nutztiere. Als Gefährten und fast schon Familienmitglieder haben sie munter und herausfordernd alle Höhen und Tiefen mit mir mitgetragen.

1

Stallgeruch

Wer über Tiere spricht, sagt immer auch etwas über sich: wie Menschen die Tiere ihrer Lebenswelt sehen und mit ihnen umgehen, erzählt mitunter mehr über ihre eigene Natur, als über das betrachtete Tier. Andererseits werde ich mein Tier besser verstehen können, wenn ich außer meinem persönlichen Verhältnis zu ihm auf die Erfahrungen anderer zurückgreifen kann. Am Ende kenne ich alle drei etwas besser: diese Tierpersönlichkeit, meine Mitmenschen und mich selbst. Erkenntnis geht immer durch ein Subjekt. Und ein menschliches Subjekt gehört immer einem Kulturwesen. In diesem Sinn will das vorliegende Buch über Ziegen verstanden werden. Von den Rollen, die Ziegen in Religionen und Sagen, im Brauchtum und im Leben heutiger Gesellschaften zugeschrieben werden, erfahren wir einiges über die Menschen, aber auch über Eigenheiten der Tiere selbst. Wenn wir zum Beispiel lesen, der Göttervater Zeus wurde mit Ziegenmilch aufgezogen, bedeutet dies nicht nur, dass die Hausziege bereits selbstverständliches Mitglied im antiken Griechenland war, sondern dass ihr sogar göttliche Ehren zuteil wurden.

In das Seelenleben eines anderen Wesens hineinschauen werden wir nie. Wir können uns lediglich annähern, da ein Tier nicht sprechen kann wie wir. Wie eine neue Fremdsprache lernen wir aus Verhaltensmerkmalen, Körperhaltung, Mimik, Bewegung, Lautäußerung oder auch aus physiologischen Messungen zu schließen, wie das Tier empfinden mag, wie es ihm geht. Zum Nach- oder Mitfühlen mit anderen Lebewesen wenden wir intuitiv eine Fähigkeit an, die die Menschen – und nicht nur diese – im Lauf ihrer Evolution zum Überleben in der Gruppe erworben haben: Empathie. Bestimmte Nervenzellen im Gehirn, die Spiegelneuronen, ermöglichen es, sich in die Stimmung eines Artgenossen zu versetzen, mit ihm zu fühlen, mitzuleiden. Wir tun dies auch bei jenen Tieren, die uns nahestehen. ‚Wir sehen nur, was wir wissen', soll schon Goethe gesagt haben. An den

Tieren beschreiben wir nur, was uns aus der eigenen Lebenswelt bekannt ist – leider oft genug Anlass für Missverständnisse!

In diesem Buch geht es wesentlich um die Rezeption der Ziege auf verschiedenen Ebenen menschlicher Erfahrung. Anders als beim fertigen Kunstwerk, das im Idealfall für zahlreiche Generationen erhalten bleibt, handelt es sich bei einer Haustierart um ein lebendiges Naturphänomen, das immer in ganz bestimmten individuellen Tierpersönlichkeiten erscheint. Das Haustier hat schon im Laufe seiner Domestikationsgeschichte bestimmte Anpassungen an die menschliche Nähe erworben und erfährt durch Zuchtarbeit stets weitere Veränderungen. Die lebendige Ziege zu beschreiben und ihr Ausdruck in Kunst und Kultur zu verleihen, kann als menschliche Rezeption erster Ordnung angesehen werden. Das Wahrnehmen und Verarbeiten kulturgeschichtlicher Zeugnisse über Ziegen wäre dann eine Rezeption zweiter Ordnung. Somit bietet der Ansatz, eine Spezies vom Menschen her, der immer auch seine eigene Kultur vertritt, verstehen zu wollen, eine hoffnungsvolle Ergänzung zu Verhaltensforschung und angewandter Tierhaltepraxis. Mögen die hier zusammengetragenen Erfahrungen und Interpretationen stärkeres Licht in das Wesen einer Spezies bringen, die sich auch nach vielen Jahrtausenden immer noch als überraschend und geheimnisvoll erweist.

2

Signatur und Temperament

Dem Beobachter liegt im Tiere das Tierische mit allen unmittelbaren Forderungen vor Augen[1]

Organismen sind Zeichen ihrer Geschichte[2]

Das Grundmuster der Kuh kann man als ruhenden Quader verstehen. In dieser Form ist sie schon im Ruhen aktiv und präsent.[3] Im Gegensatz dazu wird das eigentliche Wesen etwa eines Pferdes erst in seiner Bewegung sichtbar. Die Ziege hat etwas von beiden. Wenn sie sich zum Wiederkauen niedergelegt hat, ist auch sie die personifizierte Gelassenheit. Als echter Wiederkäuer, der seine periodischen Verdauungszeiten braucht, steht sie dem Rind sehr nahe. Ihre Körpermasse beträgt mit durchschnittlich 50 bis 60 Kilogramm aber nur ein knappes Zehntel von einer Kuh; Ziegen sind deutlich leichter und wendiger. Ihre größere Beweglichkeit erlaubt der Ziege, ihren Nahrungsvorlieben auch in unwegsamem Gelände nachzugehen und von allen Pflanzen nur die besten wie die Rosinen aus einem Kuchen zu lesen. Sie ist viel mehr Feinschmecker als die Kuh. Wiesenflächen gleichmäßig abzuweiden, ist gar nicht ihr Ding. Wenn die Ziege Gras verspeist, dann nur die oberen Enden, am liebsten mit den Blüten- oder Samenständen. Dazu sucht sie sich Kräuter und Laub in steter Abwechslung. Rosinen sind aber nirgends zu Hauf im Angebot. Daher müssen Ziegen oft weite Strecken gehen und sogar auf Felsen oder Bäume klettern, um satt zu werden, wobei sie sich auf ihre vier paarigen, spreizbaren Zehenspitzen verlassen. Ihr normaler täglicher Aktionsradius über Stock und Stein beträgt bis zu einem Kilometer. Als Quader wäre sie dabei fehl am Platz. Anstatt dessen können wir an der Ziege das Dreieck, beziehungsweise räumlich gesehen, die Pyramide verwirklicht finden: besonders bei den nach oben gerichteten Hörnern, an der Kopfform und bei den Klauen.

---

[1] Johann Wolfgang von Goethe (1775): S. 232
[2] Weber, A. (2003): S. 111
[3] Ott, M. (2011)

Die Pyramide steht mit ihrer Grundfläche fest auf dem Boden wie die Ziege mit ihren vier Beinen; gleichzeitig ragt sie spitz nach oben. Hier vereinen sich Bodenverhaftetes und hinauf Strebendes. Das können wir gut beim Rangordnungskampf sehen, wenn Geißen oder Böcke voreinander aufsteigen und mit den Stirnwaffen in der Luft zusammenkrachen. Schon Kitze im Alter von drei Wochen stellen ihre Ohren spitz auf und versuchen, sich auf den Hinterbeinen zu halten, wenn man sie mit gestrecktem Zeigefinger von oberhalb lockt. Dem Stier dagegen würde niemals einfallen, seinen Rivalen aus der Vertikalen anzuspringen. – Dieses ziegentypische nach oben Richten brachten der ‚Geiß' und vermutlich auch dem ‚Kitz' ihre Namen ein: im Indogermanischen bedeutet *g^h^aid* nämlich ‚Spitze, Horn, Stachel'.[4] Aus dem indogermanischen *bheug*, biegen, soll sich der ‚Bock' wegen seiner imposant gebogenen Hörner ableiten.[5]

Die Ziege ein Feuertier?

Dreieck und Pyramide sind die Signatur der Flamme; sie stehen daher in vielen Kulturen für Feuer und Hitze; Eigenschaften, die dem Ziegenhalter von seinen Schützlingen nur zu gut bekannt sind. Ziegen können rasch aufbrausen. Ihr Energieschub ebbt aber ebenso schnell wieder ab. Bevor sie sich zum Beispiel einengenden Situationen wie bei der Klauenpflege ergeben, setzen viele auf den Überraschungseffekt explosiver Zuckbewegungen. In Acht nehmen sollte sich daher jeder beim Hantieren mit Ziegen vor dem plötzlichen Emporschnellen ihrer spitzen Hörner! Das ist ihr angeborenes Abwehrverhalten.

Die sprichwörtlichen Bocksprünge[6] von nur wenigen Stunden alten Kitzen bis zu mehrjährigen, erwachsenen Tieren erscheinen ebenfalls wie unvorhersehbare Temperamentsausbrüche. Sie wirken als Ausdruck von Freude und Bewegungslust. Aus ruhigem, erdverbundenem Stehen auf allen vier Beinen springen Geiß, Kitz und Bock unvermittelt in die

[4] Kluge (1999)
[5] Hesse, N. (2002): S. 5
[6] ‚Kulturgeschichtliche Trittsiegel': ‚Pan. Satyr. Faunus'

Höhe, drehen sich pirouettenartig in der Luft, um nach zwei bis drei Hüpfern wieder fest auf dem Boden zu landen; Kapriolen, die sich von *Capra* – Ziege – ableiten.

Ernst Fuhrmann sieht in der Unberechenbarkeit ihrer Bewegungen gar etwas Blitzartiges und in der Ziege ein Blitztier:

> Merkwürdig ist es, dass bei dem Namen der Ziege im Lateinischen zwei Formen auftauchen: *Capra* und *Hircus*. Hircus ist dabei unser Wort für Hirsch, der französisch *Cerf* heißt, was mit *Kerf* die Inversion von *Capra* ist. Weiter aber hat der Kiefer des Skelettes auch den Namen Ziege, während wir dem Blitz den Weg des Zickzacks beilegen, und diese Silbe *Zick* wieder die der Ziege ist.
> Daraus lässt sich dann schon die vollständige Synthese machen, die also *Kapra*, *Kerfe*, *Cerf*, *Chevre*, *Kiefer* etc. in eine Reihe stellt, die auf *Corvo-Korf* geht und krumm, gebogen bedeutet, während die andere aus Ziege und Zickzack ähnliches, aber eine schärfere Brechung der Linie bedeutet. Der Kiefer und die Kiefer sind also mit Bezug auf die Eckigkeit der Knochen oder Zweiglinien identisch. Alles bestätigt also die Ziege als Tier des Teufels oder des Blitzgottes und so sind denn auch die Winkelzüge, die der Teufel macht, um Seelen zu fangen, nur Bocksprünge.[7]

Feuriges Temperament mit seinen explosiven Impulsen ist ein grundlegendes Wesensmerkmal der Ziege. Das wussten schon die alten Inder: Agni, der Feuergott in den Veden, lässt sich gerne von einem Widder oder einer Ziege begleiten.[8] Aristoteles bezeichnet einen bestimmten Feuerball als *capra*, womit er einen Kometen gemeint haben könnte.[9] Nach altem mitteleuropäischem Volksglauben führen schneeweiße oder auch feurige Ziegen die Menschen in die Irre, zeigen Unwetter oder sogar den Tod an.[10] Besonders ihre Augen können feurig glühen.[11]

[7] Fuhrmann, E. (1922): S. 61
[8] Bellinger, G. J. (2002)
[9] Graf, M. H. (2006): S. 241
[10] Graf, M. H. (2006): S. 228
[11] vgl. ‚Kulturgeschichtliche Trittsiegel' und ‚Wie wir Ziegen sehen'

Auch in der traditionellen chinesischen Küche gilt Ziegenfleisch als heiß. Hitze spielt zum Beispiel in der Brunft eine wichtige Rolle: die Geiß erwartet von ihrem Bock, im Werbungsritual so lange hin und her, womöglich sogar einen Hang hinauf und hinunter gehetzt zu werden, bis sie mit hohem Puls und außer Atem zum Eisprung kommt. Erst dann ist sie für den Deckakt bereit und die Befruchtung wahrscheinlich.

Der Ziegenorganismus verträgt auch äußerliche Hitze und Trockenheit wesentlich besser als feuchte Klimabedingungen. Wasser unter den Hufen, zum Beispiel als alpiner Wildbach, ist der Geiß ein Gräuel, das sie versucht, so rasch wie möglich hinter sich zu bringen. Ihre Physiologie prädestiniert sie für karge, trockene Gegenden und sie kann lange ohne Trinkwasser auskommen.[12]

Eine stete Zündflamme für alle Fälle

Inneres Feuer, ihre latente Unberechenbarkeit und der Eigensinn von Ziegen mögen manche vor deren Haltung zurückschrecken lassen und sogar ausgesprochene Aversionen begründen. Denn die Ziege ist zugleich hochsensibel, wie auch leicht zu kränken. Kapriziöse Tiere – das Wort kommt von *Capra*, Ziege – verlangen besonderes Einfühlungsvermögen. Wir erleben dieses oft als Einschränkung unserer eigenen Handlungsfreiheit. Mein Mann Johann Wallner, der Retter der Tauernschecken und langjährige Obmann der Salzburger Ziegenbauern,[13] erzählt:

> Eine Zeit lang habe ich meine Ziegen auf einem gepachteten Hof gezüchtet. Vorher wurden dort Schafe gehalten. Da nie eines ausgekommen ist, habe ich die Gitterzäune der Weidekoppeln so übernommen, wie sie waren. An einer Stelle aber waren zwei Enden ziemlich schlampig miteinander verbunden und genauso nachlässig an die Zaunstempel geschlagen. Es dauerte nicht lange, bis die erste Ziege den Kopf durch ein Loch steckte und hinausgraste. Wenn auch außerhalb des Zaunes dasselbe Futter wächst, wie innerhalb, draußen scheint es schmackhafter zu sein

[12] vgl. ‚Vom Wildtier zum Haustier'
[13] s. ‚Die zivilisierte Geiß': ‚Zwei historische Rassen mit Zukunft'

– wie die Kirschen in Nachbars Garten. Dabei vergrößerte sie die Öffnung immer mehr, bis sie schließlich hindurch schlüpfen konnte. Das sahen die anderen sofort und versuchten, es ihr nachzutun – die erste könnte ja dort draußen ein besseres Angebot vorgefunden haben...
Bald war die halbe Herde auf der Außenseite des Zaunes. Das konnte ich natürlich nicht so belassen. Ich nahm mir die Mühe, legte die desolaten Gitterteile ganz ab und ersetzte sie dort mit einem neuen, unbeschädigten Stück. Als ich meine Ziegen am nächsten Tag auf die Weide trieb, lief die erste Ausbrecherin gleich dorthin, wo sie bisher so bequem in die Freiheit gelangt war, und – stockte: alles war anders, das Loch war nicht mehr da! Sie hielt kurz inne, drehte den Kopf ein wenig und dachte nach. Dann ging sie den gesamten Zaun ab, auf der Suche nach der nächsten Schwachstelle, die sie bald auch fand… – Ziegen kann man nur lieben oder hassen, dazwischen gibt es nichts!

Stets müssen wir also gefasst sein, mit außerplanmäßigen Arbeiten zu kompensieren, was wir zuvor übersehen hatten. Denn unsere Geiß übersieht nichts. Ihre Pupillen haben die Form eines waagrechten Schlitzes, der ihr besonders breite seitliche Gesichtsfelder gibt – ihr binokulares frontales Gesichtsfeld ist dagegen relativ schmal. Wenn sie ihr Auge entsprechend dreht, kann die Ziege ihren Sehschlitz nach der jeweiligen Horizontlinie des Hanges ausrichten, auf dem sie steht. In der Mitte der Linse sitzt eine verdickte Stelle, die wie ein Vergrößerungsglas funktioniert und dem Tier ein extra scharfes Bild liefert. Mit ihrer Neugierde entgeht Ziegen wirklich fast nichts. Ihrer Schläue wegen dichtet ihr das Märchen den sprichwörtlich schlauen Fuchs zum ‚Gevatter' an.[14] Die Bauern in Sizilien und Piemont hatten noch im 19. Jahrhundert so viel Respekt vor der Ziege, dass sie sie als segensbringend für Haus und Hof hielten; war sie einmal bösartig, so zieh man sie kurzerhand der Teufelsbesessenheit.[15]

In Deutschland häuft sich die siedlungsgeschichtlich junge Gruppe der Ortsnamen mit ‚Ziegen' und ‚-hagen': *Ziegenhagen*, *Ziegenhain*, *Ziegenhahn*, *Zickenhain*.[16] *Hag* ist ein altes Wort

[14] S. ‚Kulturgeschichtliche Trittsiegel': ‚Märchenziege'
[15] De Gubernatis, A. (1874): S. 332f.
[16] Schröder, E. (1944): S. 283

für *Zaun*. Diese Bezeichnungen weisen darauf hin, dass dort, wo Ziegen gehalten werden, Zäune unumgänglich sind.[17] „Geht es der Ziege zu gut, springt sie über den Zaun", besagt auch eine Pinzgauer Bauernweisheit, was dasselbe meint wie den Esel, der aufs Glatteis geht. Sich selbst überlassen, sind Ziegen an allem dran, was sie für verzehrbar halten.

Eine Ziege ist stets bereit, vom Artgenossen zu lernen,[18] auch wenn dieser eine niedrigere Rangstufe einnimmt.[19] Dies gilt jedoch nur für Fälle, in denen das Handlungsziel erkennbar ist. Wissen beispielsweise nur Rangniedrige den unübersichtlichen Weg zum Unterstand, dann werden ihnen die höher Stehenden auch bei Starkregen nicht folgen, sondern eher umgekehrt. Ziegen haben neben dem, was sie gerade tun, immer auch Augen für ihre Kumpane. Gilt es, ein neues Terrain zu erkunden, dann werden sie zur personifizierten Achtsamkeit aufeinander. Das zeigen schon junge Kitze, die das erste Mal mit einem Elektrozaun konfrontiert werden: das vorwitzigste nähert sich langsam der Gleichstrom führenden Litze. Die anderen passen ganz genau auf, was es macht. Keine Bewegung entgeht ihnen. Erhält das Erste einen Stromstoß, der seinen Schreck in einen deftigen Schrei verwandelt, dann traut sich so schnell kein anderes mehr heran.

Womöglich betrachten Ziegen ihre Menschen auch als Herdenmitglieder, da sie so genau beobachten, was wir wo tun. Eine Geiß kann sogar die Blickrichtung ihres Menschen richtig deuten,[20] um zum Beispiel eine Futterquelle zu entdecken. Das kann man sich zunutze machen, wenn der Halter so tut, als würde er etwas vor ihr verstecken: „willst du altes Heu loswerden, musst du es nur im Rücken der Ziege aufhängen". Dann glaubt sie, es sei etwas Verbotenes, und bemüht sich, es zu bekommen.

---

[17] vgl. Graf, M. H. (2006): S. 169
[18] Briefer, E. F. et al. (2014)
[19] Baciadinna, L. et al. (2013)
[20] Kaminski, J. et al. (2005)

Jede kleinste Unachtsamkeit nützt sie zu ihren Gunsten. Dabei lebt sie nur ihre natürliche Neugierde aus, die ihr hilft, an all die Leckerbissen zu gelangen, aus der ihre Nahrung besteht. Wie vermessen von uns Menschen, festlegen zu wollen, was unsere Ziege unter Abwechslung verstehen soll! Einmal ehrlich: Wollen wir nicht auch unser Leben selbst bestimmen und unseren Leidenschaften uneingeschränkt nachgehen? Brennt dafür nicht auch in uns ein niemals verlöschendes Feuer – das der Ziegencharakter uns womöglich spiegelt?

Vorsicht! Das Ungeheuer Elektrozaun beißt zurück

Wenn Feuer auf Erde trifft

Andererseits sind Ziegen auch richtige Gewohnheitstiere – Zeichen ihrer Erdverbundenheit. Nur ungern weichen sie von eingeübten Traditionen ab. Je älter sie werden, umso schwieriger ist es für sie, sich umzugewöhnen. Daher sollte man es bleiben lassen, eine Ziege ab einem Alter von fünf oder sechs Jahren an einen anderen Betrieb zu verkaufen.

Häufig verkraften die Tiere diese Umstellung nicht mehr und sterben bald darauf auf dem fremden Platz. Daher ist es besser, Abgänge aus der eigenen Zucht nachzubesetzen, als eine fremde alte zu erwerben. „Willst du sechs Ziegen haben, musst du jedes Jahr eine behalten", zitiert dazu der Tiroler Pfauenziegenzüchter Hermann Mair aus Vals eine alte Bauernregel.

Ziegen musst du langsam auf geänderte Umstände vorbereiten. Schon wenn du eine Ziege am Strick führst, solltest du darauf achten, ihre Wahrnehmungszeit nicht zu überfordern. Gib ihr Gelegenheit, jeden Schritt bewusst in ihrem eigenen Tempo zu machen. Ziehst du sie zu schnell, so kann es leicht passieren, dass sie sich fallen lässt und in eine Art zuckenden Muskelkrampf gerät, nicht unähnlich einem epileptischen Anfall. Dabei verdreht sie ihre Augen und die Herzfrequenz ist stark erhöht. Lässt du sie dann in Ruhe zu sich kommen, erhebt sie sich bald wieder.

> … so ist es leider: einer widerspenstigen Geiß, die zwischendurch am Ende ihrer Kräfte zu sein scheint, der die Zunge aus dem fahl verfärbten schaumigen Mund heraushängt und die sich mitten auf den Weg hingeworfen hat, um sich halswindend gegen den Zug am Strick zu wehren, wird man auch durch gutes Zureden nicht wirklich beikommen (liebe Julie, es ginge doch für uns beide viel leichter, wenn du nicht den Hauptteil deiner Kräfte für den Widerstand gegen das Unvermeidliche aufwendetest, du könntest lustig und frei bergab springen, wir würden dann und wann eine Rast einlegen und uns beide/alle dekorativ am geeigneten malerischen PicknickOrt niederlassen, so aber etc.)[21]

Hier scheinen die beiden Seiten des Ziegentemperaments, ihre unflexible Erdverbundenheit und ihr inneres Feuer, gewissermaßen direkt aufeinander zu prallen und sich in unkoordinierten Zuckungen ihrer Blitzverwandtschaft entsprechend zu entladen. Für unser Empfinden kann diese unwillkürliche Verweigerung als extrem starrköpfig und hysterisch wirken, als ob die Ziege wieder einmal den eigenen Kopf durchsetzen und uns ein schlechtes Gewissen machen wollte. Treten bei unseren alpinen Rassen diese Muskel-

[21] Bodo Hell (2009): S. 333

krämpfe wenigstens nur anlassbedingt auf, so zeigt die alte nordamerikanische Tennessee Fainting Goat eine erbliche Störung ihrer willkürlichen Muskelfunktionen, *Myotonia congenita* genannt, die sie jederzeit und keineswegs nur bei Gefahr mit starren Gliedern niederwerfen kann, bis das Tier nach etwa zehn Sekunden wieder Kontrolle über seine Skelettmuskeln hat. Man spricht heute von Qualzucht.

Treiben lässt sich deine Ziege kaum. Wenn du sie zum Beispiel hinter ihr gehend in ihre Liegebox geleiten willst, wird sie exakt vor dem Eingang versuchen, eine Alternative zu wählen. Das zeigt unmissverständlich, dass sie ganz genau erkannt hat, was du von ihr willst – allein, sie tut dir den Gefallen nicht. Doch wirst du nie nachweisen können, ob sie sich dessen bewusst ist. Als Ziege ist ihre Natur nun mal so!

Temperament und Fellfarbe

Lässt du Ziegen in Ruhe ihren Neigungen nachgehen, kannst du sie als fröhliche Tiere erleben. Dem tut keinen Abbruch, dass sie untereinander stark auf Rangordnung bedacht sind. Wie das Wort schon sagt, geht es dabei um Ordnung. Sie regelt das Leben innerhalb der Herde als sozialem Körper. Werden Ziegen neu gruppiert, so vergehen mindestens neun Tage, bis sie ihre Ränge wieder ausgefochten haben.[22] Dass die stärksten Tiere immer die besten Futterquellen und die trockensten Unterstände für sich reklamieren, dient in der natürlichen Evolution dem Fortbestand der Art. Denn würden alle Mitglieder einer Gruppe mangelnde Ressourcen gerecht unter sich aufteilen, also jedes sich gleich einschränken, würde vielleicht keines von ihnen Nachkommen austragen oder aufziehen können und die Art würde womöglich aussterben.

Nächste Seite: Tauernschecken in Fahrt

[22] Slavnitsch, K. (2008)

Bei der Hausziege ist das Streben nach Rangordnung ein Erbe ihrer wilden Vorfahren, das auf ihre relative Unabhängigkeit von menschlicher Fürsorge verweist. Das hindert sie jedoch nicht daran, dem Eskalieren von Auseinandersetzungen vorzubeugen. Wo zwei im Ringen ihrer Hörner nicht und nicht voneinander lassen wollen, schiebt sich regelmäßig eine Altziege dazwischen und trennt die beiden Unversöhnlichen.

Mit der Domestikation von Wildtieren haben wir Menschen die natürliche Selektion abgelöst. Wir wollen doch alle unsere Tiere so gut wir können versorgen und selbst bestimmen, welche Merkmale und Eigenschaften wir bei ihnen fördern. Schwächeren Individuen schenken wir daher oft mehr Aufmerksamkeit, um auch ihnen eine optimale Entwicklung zu ermöglichen und sie landwirtschaftlich zu nutzen. Oft sehen wir uns genötigt, rangniedrigere Geißen zu bevorteilen. Eine nachgeordnete Stellung in der Herde haben diese aber nicht zwangsläufig wegen schlechterer genetischer Veranlagung oder Konstitution; oft steht ein Tier aus Mangel an Kampfbereitschaft weniger hoch im Rang. Diesbezüglich berichten viele Tierzüchter von übereinstimmenden Erfahrungen unabhängig von ihrer Tierart: helle Tiere, Blonde, Falben oder Schimmel, sind im Ganzen phlegmatischer und weniger angriffslustig, als schwarze oder braune. So schreibt zum Beispiel Helmut Hemmer vom alten Wissen über den Zusammenhang zwischen Pigmentierung und Temperament:

> … beispielsweise bei den Pferdekundigen: 'Wähl den Rappen, willst Du Feuer! Falben gut, sind nie zu teuer! Schimmel oftmals träg geboren. Braune – leuchten sie auch wenig – sind verlässlich, drahtig, sehnig! Füchse haben's hintern Ohren'. Braune Pferde wurden als sanguinisch, Füchse, das sind definitionsgemäß Pferde in verschiedenen, meist rötlichen Braunabstufungen, deren Langhaar in Mähne und Schweif nicht schwarz ist, wurden als cholerisch, Rappen, also schwarze Pferde, als melancholisch und Schimmel als phlegmatisch beschrieben. Hundezüchter sehen teilweise noch heute in den rötlichen Tieren mancher Rasse die nervösen, unzuverlässigen und erachten die stark pigmentierten, also dunkel gefärbten, für lebhafter als helle. Schließlich schreibt die Volksweisheit auch unterschiedlichen Haarfarben beim Menschen selbst unterschiedliche Verhaltensnormen zu.[23]

[23] Hemmer, H. (1983): S. 99ff

Dazu passend bezeichnet man zum Beispiel im Salzburger Pinzgau schwarze Nutztiere jeder Art als ‚nit sauber', ‚nit just' oder ‚nit z' hasn', was so viel bedeutet wie unberechenbar, ungezügelt, schwer einschätzbar.

Hemmer erklärt den Zusammenhang zwischen der Fellfärbung eines Säugetiers und der Intensität seines Verhaltens mit dem Umstand, dass die farbbestimmenden Melanine und wesentliche Bestandteile von Botenstoffen, die für die Informationsverarbeitung des Nervensystems verantwortlich sind, einen gemeinsamen biochemischen Syntheseweg durchlaufen. Es ist die Aminosäure Dopa, die der Körper zuerst bilden muss, bevor er von ihr ausgehend einerseits die Neurotransmitter Dopamin, Adrenalin und Noradrenalin, andererseits Melanine bilden kann. Indem wir heute noch beispielsweise bei Nerzen, Füchsen oder Mäusen bestimmte Fellfärbungen selektieren, erzüchten wir nachweislich zahmere Nachkommen, die auch toleranter gegenüber Stressfaktoren sind; Eigenschaften also, die wir im Umgang mit ihnen überaus schätzen. – Die gegenteilige Richtung ist natürlich ebenso möglich. Gleiche Erfahrungen können langjährige Ziegenzüchter bestätigen: hellere oder überhaupt weiße Ziegenrassen sind im Umgang untereinander und dem Menschen gegenüber ruhiger und ausgeglichener.

Helmut Hemmer zufolge wies Sigrid Yavari-Kojabad in einer wissenschaftlichen Studie bei dunkel-wildfarbenen und schwarzen afrikanischen Zwergziegen höhere Bewegungsaktivitäten nach, als bei weißen. Im direkten, vieljährigen Vergleich zwischen der schwarzweißen Pfauenziege und der braun-schwarz-weißen Tauernscheckenziege in unserem Rauriser Peterlhof gehen die Tauernschecken eindeutig als die temperamentvolleren hervor. Die braun-schwarze Pinzgauer Ziege gilt als noch kampfeslustiger.

Vorige Seite: alte Schweizer Glocke am Hals einer Bündner Strahlenziege aus dem Betrieb Rupert Hasenauer, Hinterglemm

Bei Pfauenziegen ist zwar die hintere Körperhälfte weitgehend schwarz, doch überwiegt insgesamt die helle Fellfläche. Innerhalb dieser Rasse ergeben die Pigmentierungsvarianten ein analoges Bild: bei gleichen Haltungsbedingungen ist der dunklere Pfauenziegentyp deutlich leichter erregbar, feuriger, mitunter sogar schreckhafter und in der Handhabung oft unberechenbarer. Der hellere verhält sich allgemein ruhig, ausgeglichen und für den Menschen zugänglicher. Eine phlegmatische Geiß begleitet dich an der Schnur auch dann vertrauensvoll, wenn sie den Sinn noch nicht versteht, während eine nervöse ihrerseits zeigen will, wo es lang geht. Als Halter von Pfauenziegen wird die Wahl deiner Leitziege daher eher auf eine Lichte fallen, damit der gleichmäßige, unaufgeregte Gang der Glocke und ihre gelassene Stimmung sich wie ein Basso continuo auf den sozialen Organismus der ganzen Herde überträgt. Schon an der Fellfarbe unserer Ziege können wir also einschätzen, auf welcher Seite des ‚Pyramidenwesens' sie steht: die eher erdverbundene verkörpern die phlegmatischen, weniger pigmentierten Rassen und Individuen, die feurig-explosive hingegen die cholerisch-sanguinischen braun-schwarzen.

1956, Archiv

Nächste Seite: Wir sind zwar beide phlegmatisch, aber eine von uns ist doch die Stärkere!

3
Freilandhunger mit Verwilderungspotenzial

Die Freiheit des Menschen liegt nicht darin, dass er tun kann, was er will, sondern dass er nicht tun muss, was er nicht will. Jean-Jacques Rousseau

Als Walt und Betty Rowe um 1970 aus dem amerikanischen Pennsylvania auswanderten und sich in Neuseeland niederließen, hatten sie noch keine Ahnung von ihren künftigen Lebens- und Schicksalsgefährten. Sie lebten mit ihren Kindern als Selbstversorger in Aotea am Rande eines Wildnisgebiets. Eines Tages fanden sie drei Arapawa-Ziegen. Ein Kitz hatte einen Durchschuss am Bein und seine Mutter offenbar bei einer der Jagden, die in Neuseeland auf diese Ziegen organisiert werden, verloren. Schon in ihrer ersten Beschreibung dieser drei Geschöpfe gebraucht Betty den Ausdruck ‚dignity', Würde.[24]

Von da an zog die Frau ihr ganzes weiteres Leben lang verwaiste Kitze auf und pflegte erkrankte. Obwohl manche scheu waren, suchten die Ziegen auch später noch ihre Nähe; sie schienen die geschichtliche Symbiose mit dem Menschen im Blut zu haben. Betty hielt sie nicht fest. Sie konnten in die Wildnis zurückkehren und nach eigenem Wunsch kommen und gehen. Die Ziegen sollten diese Frau bis zu deren Lebensende 2008 nie mehr loslassen. Nach dem frühen Tod ihres Gatten kämpfte sie noch über dreißig Jahre mit einer eigens gegründeten Organisation gegen die zuständige Naturschutzbehörde und für die Erhaltung der Arapawa-Ziegen und deren Lebensraum. Ziegen sind in Neuseeland nicht autochthon, also bodenständig. Vor Ankunft der Europäer gab es dort – von Fledermäusen abgesehen – keine Landsäugetiere. Die ersten Hausziegen waren in der zweiten Hälfte des 18. Jahrhunderts von Captain Cook auf Inseln vor der Küste Neuseelands ausgesetzt worden: künftige Seefahrer sollten sich mit frischem Fleisch versorgen können.

[24] Rowe, B. (1988): S.58.

In den zwei Jahrhunderten bevor Walt und Betty Rowe den Arapawa-Ziegen begegneten, hatten die einstigen Haustiere genügend Zeit, um zu verwildern. Kein Wunder also, dass die beiden Einwanderer sie als ursprünglich erlebten, waren die Ziegen doch inzwischen eingegliedert in ein augenscheinlich wildes Ökosystem. Bei vielen Arapawa-Ziegen tritt auch immer wieder die graubraune Färbung ihrer wilden Stammform zutage.

Arapawa-Ziegen – © Michael Trotter, New Zealand Arapawa Goat Association – mit freundlicher Genehmigung des Autors

Eine Beweidung wirkt immer auf die Zusammensetzung der Vegetation:[25] begehrtere Futterpflanzen werden stärker dezimiert als Arten, die sich zum Beispiel mit Stacheln, Dornen, Bitter- oder Giftstoffen[26] erfolgreich gegen übermäßigen Fraß behaupten. So gesehen stellt sich für Arapawa die grundsätzliche Frage vieler Naturschutzvorhaben, was denn als ursprünglich und damit als erhaltenswert anzusehen sei: der nach einmaligem Eingriff des Menschen zwei Jahrhunderte lang sich selbst überlassene Lebensraum oder

[25] McEwen, W, M. (1987)
[26] Aldezabal, A. & I. Garin (2000)

dessen künftige Weiterentwicklung nach Entfernen des anthropogenen Elements.[27] Den ursprünglichen Zustand vor Captain Cook wird man in keinem Fall wieder herstellen können. Seit dem 19. Jahrhundert leben verwilderte Hausziegen bereits auf ungefähr elf Prozent der Landesfläche Neuseelands, und das hauptsächlich in Wildnisgebieten, wo sie die ursprüngliche Biodiversität durch Überweidung zerstört haben.[28]

Anspruchslos und kapriziös zugleich

Hausziegen haben ihre soziale Lernfähigkeit und ihr gutes Langzeitgedächtnis während der Domestikation erhalten.[29] Deshalb sind sie so unabhängig von menschlicher Versorgung geblieben, dass sie sich überall auf der Welt selbst durchbringen können – vorausgesetzt, die klimatischen Bedingungen erlauben dies.[30] In unseren Bergen beispielsweise verhindert allein schon der Futtermangel in den schneereichen Wintern eine ganzjährige Alpung; ein Auswildern ist sogar gesetzlich verboten. Im Hochgebirge kann es aber auch im Sommer vorkommen, dass die Ziegenherde über Nacht in ihrem Unterstand eingeschneit wird. Johann Wallner berichtet von seinen früher frei gealpten Ziegen, dass sie die Gefahr von Lawinen offensichtlich gespürt und sich trotz all seines Lockens nicht heraus getraut hatten. Die erfahrene Leitziege setzte sich erst in Bewegung, nachdem die bedrohliche Fracht abgegangen war.

Als sogenannte Mischäser können sich Ziegen während der Vegetationszeit gut nach dem jeweiligen Angebot ausrichten: sie finden auf jeder Speisekarte genug, das ihnen behagt. Das kommt hauptsächlich daher, weil Ziegen imstande sind, die einzelnen Futterarten, aber auch die Zeiten, zu denen die Kost am bekömmlichsten ist, genau zu unterscheiden und diese dann mit ihrer gespaltenen Oberlippe gezielt herauszupicken; im Gegensatz zum eher gleichmäßig grasenden Schaf können Ziegen auch aus indirekten Zeichen auf

[27] Parkes, J. P. (1990)
[28] Parkes, J. P. (1993), Campell, K. & C. J. Donlan (2005)
[29] Briefer, E. F. et al. (2014)
[30] Vgl. ‚Vom Wildtier zum Haustier'

Futterquellen schließen.[31] Die Lernfähigkeit der Geißen hängt aber stark mit ihrer positiven Grundstimmung zusammen.[32] Steht sie unter Stress, so hält sie sich lieber an Bewährtes.

Insgesamt verzehren Ziegen ein breites Spektrum, durchschnittlich 78 Prozent der Pflanzenarten, die um sie herum wachsen.[33] Sie können von Nahrung, die arm ist an Proteinen, dafür aber reich an Rohfasern, immer noch gut leben. Auch können sie sich in Lebensräumen mit überwiegend offenem Grasland gut durchbringen.[34] Insofern sind Ziegen zugleich anspruchsvoll, da sie eben viele verschiedene Nahrungsquellen auf einmal benötigen, aber auch anspruchslos, weil sie Pflanzenteile, die für andere Tiere nicht mehr taugen, noch verwerten können. Das Almfutter von Gebirgsziegen in den Hohen Tauern, Salzburg, besteht etwa zu je einem Viertel aus Kräutern, Zwergsträuchern und Büschen; das letzte Viertel bilden Gräser, Laub- und Nadelbäume.[35] Alle holzigen Pflanzen zusammen erreichen ungefähr ein Drittel der Nahrung, was schon zeigt, wie wertvoll grobe Fasern und Gerbstoffe für die Ziegenverdauung sind. Auf Weiden, wo Gehölze fehlen, tun es zur Not auch Stroh oder langhalmiges, spät gemähtes Heu. Ihrem Bedarf an Grobfasern ist es gedankt, dass Ziegen den Beruf der Landschaftspflegerin ausüben können: sie drängen die Verbuschung zurück, ohne der Artenzusammensetzung von Wiesen zu schaden, geschweige denn ohnehin schon gefährdeten Pflanzenarten zu Leibe zu rücken.[36] Das gelingt natürlich nur unter gezieltem Weidemanagement. Sich selbst überlassen oder gar verwildert können Ziegen die Pflanzengesellschaften grundlegend verändern.[37]

Nächste Seite: Fakultative Bipedie zum Erreichen des begehrten Baumlaubs

---

[31] Nawroth, Chr. et al. (2014)
[32] Briefer, E. F. & A. G. McElligott (2013)
[33] French, M. H. (1970)
[34] Coblentz, B. E. (1977)
[35] Wallner, R. M. (2004)
[36] Gutser, D. & Kuhn, J. (1998)
[37] Yokom, Ch. (1967)

stammen nämlich von altenglischen Milchziegen ab, die in ihrem Herkunftsland schon längst ausgestorben sind. Somit findet der betrübliche Umstand, dass die Arapawa-Ziegen ihr einst annektiertes Land zugunsten eines Wildnisschutzes wieder verlassen müssen, doch noch ein gutes Ende. Denn sie werden heute in großen Farmen als kulturelles Erbe der Menschheit erhalten.

Tauernscheckenböcke im Schlaraffenland (© Hans Wallner)

4

Vom Wildtier zum Haustier

Die Natur des Menschen ist Kultur[43]

Haustiere und Kulturpflanzen sind eine sehr junge Errungenschaft der Menschheit. Immerhin 99 Prozent ihrer stammesgeschichtlichen Entwicklung waren vergangen, bevor einige unserer Artgenossen in der ausgehenden Altsteinzeit auf die Idee kamen, jagdbare Wildtiere zu fangen und selbst zu züchten. Davor waren die Menschen Sammler und Jäger, die von den erbeuteten Tieren die nicht essbaren Teile verwendeten, um Kleidung, Werkzeuge und Waffen herzustellen. Über die wahren Anfänge der Domestikation können wir – ebenso wie über den Kulturpflanzenanbau – aus Grabungen bestenfalls Hinweise bekommen. Denn aus der Vorgeschichte der Menschheit fehlen bildliche oder schriftliche Überlieferungen. Und die Knochenreste in prähistorischen Fundstellen erlauben keineswegs vollständige Rückschlüsse über die Ernährungsgewohnheiten der damaligen Menschen oder gar über die tatsächliche Vielfalt an verspeisten Tierarten. Vieler Forschungsdisziplinen bedarf es, um das heutige Bild des Übergangs zur Sesshaftigkeit, der neolithischen Revolution, wie ein Mosaik zu formen. Dieses lässt sich nach der Diplomarbeit von Alexander P. Haager mit folgenden Stichworten umreißen: Klimawandel – Wildgetreideernte – Technologieentwicklung – Sesshaftigkeit – Getreideanbau – Übervölkerung – Zurückdrängen von jagdbarem Wild – Tierhaltung – Zucht.[44]

Bedingungen für Domestikation

Um 15.000 vor unserer Zeitrechnung wurde das Klima wärmer und ließ die großen Landgletscher nicht nur in Europa, sondern auch am Himalaya und in Afrika schmelzen. Das führte dazu, dass der Monsun in den Steppen Nordafrikas und Vorderasiens schwächer wurde oder manches Jahr überhaupt ausfiel. Dadurch trockneten diese Gebiete zuneh-

[43] Gehlen, A., z. B. (1986): S. 78 ff.
[44] Haager A. P. (2011)

mend aus; wahrscheinlich der Auslöser dafür, dass die jungpaläolithischen Steppenjäger damals zur teilweisen Tierhaltung mit Gazellen und Antilopen übergingen. Diese Praxis ist für Ägypten, Mesopotamien und Syrien bis ins dritte und zweite Jahrtausend vor unserer Zeitenwende nachgewiesen.[45] Domestiziert wurden diese Steppentiere jedoch nie; vielleicht, weil sie für eine Fortpflanzung in Gefangenschaft zu empfindlich waren.

Die vordringende Wüste in Nordafrika konzentrierte die Bevölkerung mehr und mehr innerhalb der fruchtbaren Oasen, während das Umfeld immer trockener wurde.[46] Der begrenzte Raum in den Oasen ließ sie untereinander und zu ihren Tieren relativ dicht zusammenrücken. Ein Zuchtgeschehen entwickelte sich daraus aber noch nicht. Gazellen oder Antilopen waren dafür anscheinend ungeeignet und Wildziegen in den Tieflagen noch unbekannt. Diese kamen nur auf dem Hochland Vorderasiens vor, das bis 14.000 vor unserer Zeitrechnung noch überwiegend mit einer Trockenkälte-Steppe bewachsen war.

Die Steppenvegetation im Hochland Vorderasiens wurde durch die anschließende Klimaerwärmung allmählich zurückgedrängt und Gehölze wanderten ein, gefolgt von Wildgetreidearten, die sich von den Tiefländern her ausbreiteten. Dort wurden sie infolge der wärmeren Temperaturen von Gehölzen überwuchert. Die Wildgetreideernter folgten daher ihrer Nahrungsgrundlage bergwärts. Es mochten dies Sippen gewesen sein, die bereits eine Art Sesshaftigkeit in Oasen gekannt hatten. Die Wildtierarten, die sie nun im Gebirge vorfanden, waren Wildziegen und -schafe. Für diese stellten die nacheiszeitlichen Wildgetreidegebiete, genauso wie für deren menschliche Nutzer, ideale Lebensgrundlagen dar. Deshalb suchen wir die Anfänge der Domestikation zu Recht im fruchtbaren Halbmond. Dieser Übergang musste 12.000 bis 11.000 vor unserer Zeitrechnung stattgefunden haben.

---

[45] Brentjes, B. (1962)
[46] Hecker, H. M. (1984)

Denn zweieinhalb Jahrtausende später, nämlich in der ersten Hälfte des 9. Jahrtausends v.u.Z., war diese Form der Landwirtschaft bereits abgeschlossen.[47]

Vorrat ist der beste Rat[48]

Die Menschen mussten aber schon weit vor der neolithischen Revolution begonnen haben, von Wildgetreide zu leben: in Afrika fand man die ältesten Mühlsteine etwa 16.000 Jahre vor unserer Zeitrechnung. Um 11.000 v.Chr. treten sie vermehrt auf. Das heißt, die Bewohner gingen damals vom Sammeln immer mehr zum Anbau von Getreide über. Zwischen 8.000 und 6.000 v.u.Z. folgte ein Klimaoptimum mit häufigem Niederschlag, das erst recht das Pflanzenwachstum begünstigte und mit ihm eine zunehmende Artenvielfalt.[49] Diese gestattete den Menschen, viel länger als vorher an Ort und Stelle zu bleiben und ihre Sesshaftigkeit mit einer Vielfalt an Nahrungspflanzen zu kultivieren. Pflanzenbau bringt aber nur dann genügend Ertrag, wenn ich auch bereit und imstande bin, meine Anbaufläche vor der Zerstörung durch Tiere oder fremde Menschenhorden zu beschützen. Dafür muss ich mein nomadisches Wildbeuterleben aufgeben und immer anwesend sein. Also sollte ich meine Eiweißquellen ebenfalls daheim finden können. Zunächst werde ich mich durchaus an vorhandenem Wild in der Umgebung bedienen, ist mir doch auch sehr daran gelegen, freilebende Pflanzenfresser von meinen Feldern fernzuhalten.[50] Die frühen Siedler dürften daher schon damals verschiedene Großsäugerarten ihrer Gebiete stark zurück gedrängt haben.[51]

Sobald die Fleischversorgung durch die rasch steigende Zahl an Getreidebauern problematisch wurde, war guter Rat teuer: Was lag dann näher, als die alte Praxis der Tierhaltung

[47] Brentjes, B. (1973)
[48] Alte Bauernregel
[49] Gupta, A. K. (2004)
[50] Reed, Ch. (1969)
[51] Reed, Ch. (1970), Wokac, R. M. (1999)

nun an den vorhandenen Pflanzenfressern aufs Neue zu erproben?[52] Im vorderasiatischen Hochland waren dies damals eben Ziege und Schaf. Das sind zwei Arten von gefälliger Körpergröße, die sich im Gegensatz zu Gazelle und Antilope unschwer in menschlicher Obhut vermehren. Damit fällt den frühen Tierzüchtern ein neuer Umstand quasi in den Schoß: man ist nicht mehr darauf angewiesen, sein Tier zu töten, um in den Genuss seines Eiweißes zu kommen; seine Milch tut's auch! Vermutlich war dies sogar die erste Nutzung von Ziegen, wie Buttergefäße in Form der anfangs verwendeten Ziegenbälge aus dem fünften bis vierten Jahrtausend v.Chr. nahelegen.[53] Darstellungen des Ziegenmelkens kennt man bereits aus dem dritten Jahrtausend v.u.Z.[54]

Mit der Herdenhaltung war der Übergang vom Jagen zum Hüten begründet. Bald konnten eigene Hirten abgestellt werden. Kulturen von Hirtenvölkern mit spezialisierter Viehzucht ohne Ackerbau sollen sich jedoch erst später herausgebildet haben.[55] Dass diese auch in Konflikt mit den Ackerbauern gerieten, wissen wir aus dem biblischen Mythos von Kain und Abel. Solche Hirtenkulturen lassen sich auf Menschengruppen zurückführen, die wandernde Herden permanent verfolgt und geleitet haben, bis die Tiere ganz in ihrer Obhut verblieben waren. Vermutlich hatte man schon bald bestimmte Individuen angefüttert und sie so an sich gewöhnt. Von Hand aufgezogene männliche Jungtiere könnten den Menschen später als Leittiere einer Herde gefolgt sein. Diese Vorstufe der Tierzucht kontrolliert zwar den Aufenthaltsort der Tiere, nicht aber die Paarung mit wildlebenden Artgenossen und wird heute noch von Wanderhirten in Nordafrika betrieben.[56] Ergebnisse genetischer Untersuchungen sprechen dafür, dass der Übergang vom Jäger zum Hirten von mehreren Zentren aus erfolgt ist.[57] Außerhalb solcher Domestikationszentren sind

[52] Flannery, K. V. (1969)
[53] Brentjes, B. (1986): S. 28
[54] Benecke, N. (2001): S.242
[55] Laudien, A. (2000)
[56] Ducos, P. (1993)
[57] Luikart, G. et al. (2001); Fernández, H. et al (2006)

damals viele Kulturen, die nicht sesshaft waren, noch bei ihren althergebrachten Lebensformen geblieben,[58] obwohl um sie herum domestikationsfähige Wildtiere gelebt haben.

Was ist Domestikation?

> Nur zu oft wird Zähmung mit Domestikation verwechselt oder doch das Wesen der Domestikation ganz vorwiegend in der Zähmung eines Tieres gesucht. Ganz abgesehen davon, dass Tierzähmung sich immer nur auf ein Einzelindividuum beziehen kann und ihr Ergebnis sich nicht vererbt, sind Haustiere zunächst Tiere, die Generationen hindurch in der – wenn auch oft nur sehr lockeren – Obhut des Menschen aufgewachsen und von diesem irgendwie (im einfachsten, ursprünglichen Falle als Nahrung) genutzt werden. Ob zahm oder nicht zahm ist dabei gleichgültig. Oft ergibt sich ein Zahmwerden der Tiere bei der Domestikation – durch die gegenüber der freien Wildbahn veränderte Umwelt – von selbst; es ist aber weder das Ziel noch die Voraussetzung der Domestikation.[59]

Auch heute noch gibt es domestizierte Tierarten, die überwiegend nicht zahm sind; man denke zum Beispiel an die Rentierherden der Sami. Um die nachwachsenden Nutztiere von klein auf ihrem Züchter gewogen zu machen, bedarf es selbst in der Stallhaltung unserer Breiten ständiger Bemühungen, denn viele Individuen sind von Geburt an dem Menschen gegenüber reserviert. Die größere Bedeutung für den Beginn der Domestikation liegt aber im Fortpflanzen der Tiere und deren Selektion nach menschlichen Kriterien:

> Haustiere sind Teile von Wildarten, bei denen unter den veränderten Umweltbedingungen eines Hausstandes im Laufe von Generationen ein unerwarteter Reichtum an erblich gesteuerten Entwicklungsmöglichkeiten zur Entfaltung kommt, den Menschen in Bahnen lenken, die ihnen zunehmend vielseitigen Nutzen bringen oder besondere Freude bereiten.[60]

Nächste Seite: Skelettierte Ziegenschädel auf Ziegenhaardecke

---

[58] Herre, W. & M. Röhrs (1990): S. 88 f.
[59] Werth, E. (1939): S. 271
[60] Herre, W. & M. Röhrs (1990): S. 17 f.

Wir unterscheiden demnach zwischen dem Begriff Haustier, der alle domestizierten Tiere umfasst, dem Nutztier, einem Haustier, das einer landwirtschaftlichen Produktion dient, und dem Heimtier, das nicht domestiziert sein muss und vorwiegend aus Freude gehalten wird, wie zum Beispiel Ratten, Sittiche oder Schlangen.

Erfolgsgeschichte in Fortsetzungen

Heute ist unbestritten, dass die Hausziege von der Bezoarziege (*Capra aegagrus* Erxleben, 1777) abstammt. Ziege und Schaf waren die ersten wilden Pflanzenfresser, die vor ungefähr 11.000 Jahren im Gebiet des fruchtbaren Halbmondes zwischen dem nördlichen Zagros und Südostanatolien domestiziert wurden.[61] Und bereits aus dieser Zeit ist belegt, dass Menschen sie auf ihren Wanderungen auch außerhalb der natürlichen Verbreitungsgebiete von Wildziege und -schaf mitgenommen haben.[62] Alle heute lebenden Hausziegen dürften dem Domestikationskern in Ostanatolien entstammen.[63] Von dort aus hat sich die neue Lebensform mit ungefähr einem Kilometer im Jahr nach Westen ausgebreitet. In der Ostsahara und im südwestlichen Libyen traten Schaf und Ziege frühestens um 5.400 v.Chr. auf; um 4.800 – 4.500 v.Chr. wurden sie weiter nach Nordwesten und Nordosten verbreitet.[64] In Ägypten wurden Ziegen vermutlich im fünften Jahrtausend v.Chr. gehalten.[65] Grabreliefs des späten dritten Jahrtausends zeigen Ziegenherden, die Laubbäume, Sträucher, Stauden und Gräser unter Aufsicht von Hirten und Hirtenhunden abweiden; in Sumer und Akkad sind Ziegen im selben Jahrtausend jedenfalls volldomestiziert und auf Milch- und Haarproduktion spezialisiert.[66] Man vermutet auch, dass die heutigen Wildziegenvorkommen auf Kreta bereits aus einem frühen Domestikationsstadium hervorgegangen sind.[67]

---

[61] Zeder, M. A. (2008)
[62] Gupta, A. K. (2004)
[63] Naderi, S. (2008)
[64] Close, A. E. (2002)
[65] Hančar, F. (1959)
[66] Hančar, F. (1959)
[67] Bar-Gal, G. K. (2002)

Zucht und Inzucht

Keine Domestikation ohne Zucht, keine Zucht ohne Selektion, und keine Festigung der erwünschten Merkmale ohne Inzucht. Die Innovation dieser neuen Bewirtschaftung von Tieren liegt gerade darin, dass man diejenigen Nachzuchten vermehrt, die von Natur aus am zahmsten, vitalsten und für die menschlichen Ziele am vielversprechendsten sind. Die anderen scheidet der Züchter aus. Wie groß die Variabilität einer Tierart in Größe, Farbe, Verhalten und anderen Merkmalen werden kann, sobald die wilden Fressfeinde wegfallen, lässt jede unserer heutigen Haustierarten erkennen.

Ziegen veränderten mit der Domestikation vor allem

- die Schädelform: es gibt sowohl den Mops-Typ mit verkürzter Schnauze, als auch eine Verlängerung, wie wir sie bei Windhunden finden;[81]
- die Hörner: sie werden vielgestaltiger, sogar schraubenförmig gedreht und erinnern an Wildschafe, es gibt aber auch genetisch hornlose Tiere;
- die Körpergröße variiert gegenüber der Wildziege; Zwergziegen bilden sogar eine Dackelform mit kurzen Beinen;
- das äußere Ohr: kann verkürzt und spitz, oder länger werden und hängen;
- die Körperdecke: Haut- und Haarfarbe werden vielfältig,[82] es kommt zu unterschiedlichen Scheckungstypen, aber auch Einfarbigkeit, die typische Zeichnung der Bezoarziege im Gesicht, auf dem Rücken und den Füßen kann ganz verschwinden;
- Qualität und Quantität der Haare: es entstehen nackte Tiere ebenso wie langhaarige sowie das Wollhaar von Angora- und Kaschmirziege;
- alle Merkmale, die mit der landwirtschaftlichen Produktion zusammenhängen: Milchmenge und -qualität, Muskelausprägung, Anzahl und Wachstumsgeschwindigkeit der Nachkommen.

---

[81] Herre, W. & M. Röhrs (1990): S. 229
[82] s. ‚Signatur und Temperament'

Nur mit konsequenten Rückkreuzungen, sprich einem gewissen Grad an Inzucht, lassen sich Eigenschaften genetisch stabilisieren und in Form von Rassen vereinen. Wird der Verwandtschaftsgrad dabei zu hoch, so kann es zu Degenerationserscheinungen kommen, zu Inzuchtdepressionen: Gene mit letalen oder lebensschädigenden Auswirkungen, so die Lehrmeinung, entstehen und können zu Zwergwuchs, verschiedensten Abnormitäten oder gar zur Lebensunfähigkeit führen. Wie hoch der Inzuchtgrad jeweils sein darf, damit die Tiere noch gesund sind, ist von Art zu Art verschieden. Es gibt wildlebende Tierarten auf Inseln, die mit einer erstaunlich hohen Verwandtschaft untereinander wunderbar leben können.[83] In solchen Fällen nimmt man an, dass die Natur alle Träger schädlicher Gene inzwischen ausgemerzt hat.

Aus der Praxis der Gebirgsziegenzucht in abgelegenen alpinen Seitentälern spricht vieles dafür, dass auch die Hausziege einen relativ hohen Inzuchtgrad verträgt. Ziegenrassen dürfte man in der Schweiz und in Österreich erst um die Wende des 20. Jahrhunderts einigermaßen konsequent gezüchtet haben. Im Salzburger Raurisertal war es zum Beispiel bis in die 1960er Jahre üblich, dass die Bergbauern von gegenüberliegenden Talseiten ihre Zuchtböcke alle paar Jahre getauscht haben. Dazwischen sind diese bei ihren jeweiligen Herden verblieben, wo sie sich dann ein- bis zweimal auch mit ihren eigenen Töchtern und Enkelinnen ohne erkennbare Schäden fortgepflanzt haben. Danach wurden ausgewählte Bockkitze neuerlich zwischen den Talseiten gewechselt. Diese Herden müssen also einen sehr hohen Inzuchtgrad gehabt haben. Bei der alten Rasse der Tauernschecken, die in der zweiten Hälfte des 20. Jahrhunderts aus einer Handvoll Exemplaren wieder erstarkt ist, fand ich jedoch kein einziges der Inzuchtmerkmale, die von anderen Arten bekannt sind.[84] Künftige Forschungen müssen zeigen, wie resistent andere Ziegenrassen gegenüber Inzucht sind.

---

[83] Soulé, M. E. (1980)
[84] Wokac, R. M. (2003)

Hausziege – Mensch: eine Koevolution?

Der Wiener Zoologe Wolfgang Schleidt hat nachvollziehbar vorgeführt, dass man die Anpassung des Wolfes an den Menschen auch von der anderen Seite sehen kann: als Anpassung des Menschen an den Wolf; mit dem Ergebnis, dass wir zwar einerseits den Wolf domestiziert haben, andererseits aber selbst ‚verwolft' wären.[85] Damit ist gemeint, dass unsere Vorfahren die altruistischen Verhaltensweisen, die einem optimalen Gemeinschaftsleben und dem Gruppenzusammenhalt dienen, nach dem Beispiel des Wolfsrudels besonders entwickelt und gepflegt hätten. Beide, Mensch und Wolf, fanden einander als Jagdkumpane lange bevor man sesshaft wurde, bis zu 135.000 Jahren vor heute.[86] Beide hatten ähnliche Strategien zum Kooperieren in Gruppen mitgebracht. Bald arbeiteten zwei ganz unterschiedliche biologische Arten zusammen, was verlangte, sich gegenseitig zu dulden und sich irgendwie aneinander anzupassen. Insofern trifft für diese symbiotische Jagdgemeinschaft der Begriff der Koevolution[87] zu. Sobald der Wolf den Menschen quasi als eigenes Rudelmitglied anerkannte, konnte dieser sanft beginnen, die Welpen nach seinen Kriterien auszuwählen und weiter zu vermehren. In dieser Situation begann der Mensch das Tier zu domestizieren und dabei in sich selbst vermutlich jene Eigenschaften noch weiter zu fördern, die dem Zusammenleben mit den Wolfsnachfahren dienlich waren. Diese Elemente einer Koevolution liegen offensichtlich unserer bis heute bestehenden Symbiose mit dem Hund zugrunde.

Die Domestikation der Wildziege dürfte analog abgelaufen sein. Als man im Klimawandel am Übergang zum Neolithikum der Bezoarziege begegnete, war man bereits der eiszeitli-

[85] Schleidt, W. & M. D. Shalter (2003)
[86] Vilà, C. et al. (1997)
[87] Unter Koevolution versteht man die Evolution von Merkmalen in Abhängigkeit von Wechselbeziehungen zwischen nicht verwandten Taxa, indem sich die Eigenschaften der einen Art z.B. zusammen mit denen einer anderen Art weiterentwickeln. – Anpassungen, die aufgrund von Wechselbeziehungen entstanden sind, werden Koadaptationen genannt. Zu diesen Wechselbeziehungen gehören u.a. die Abhängigkeit zwischen Wirten und ihren Parasiten, zwischen Partnern einer Symbiose oder von Räubern und ihrer Beute sowie Beziehungen zwischen Tieren und ihren Futterpflanzen oder auch zwischen Pflanzen und ihren tierischen Bestäubern. – Kompaktlexikon der Biologie (2001).

chen Lebens- und Umweltsituation entwachsen. Selbst schon eher ortsverbundener Getreideernter, fand man diese Wildziege als kletterfreudige Hochlandbewohnerin ebenfalls relativ standorttreu in Kleingruppen von vermutlich bis zu etwa 13 Tieren vergesellschaftet. Frei gesömmerte Almziegen verbleiben in einem Gebiet von etwa einem Kilometer Durchmesser ortsbeständig, sofern dort die geeignete Infrastruktur vorhanden ist;[88] mit einer halben Meile (= ca. 800 Meter) gilt Ähnliches für verwilderte Hausziegen in anderen Erdteilen.[89]

Beide, Ziege und Mensch, lebten also im selben Gebiet in Kleingruppen von teilweise derselben Nahrung, nämlich Wildgetreide. Und beide brachten großen Sinn für die eigene Familie mit. Bei Ziegen zeigt sich dieser unter anderem in einem großen Spektrum an Lautäußerungen und einer hohen sozialen Intelligenz.[90] Weibliche Tiere bleiben mit ihren Töchtern und Enkelinnen womöglich lebenslang zusammen. Einjährige Böcke bilden oft Jugendgruppen, erwachsene gesellen sich außerhalb der Deckzeit ebenfalls zusammen oder leben als Singles. Nur bei manchen verwilderten Hausziegen können abhängig von Lebensraumangebot und Brunftrhythmus auch Herden mit beiden Geschlechtern vorkommen.[91] Die guten Muttereigenschaften weiblicher Ziegen, ihre Neigung, in einem geeigneten Habitat heimisch zu werden, ihre Neugierde und ihre stete Offenheit für neue Futterquellen sind nicht erst Ergebnisse der Domestikation; sie erscheinen als gute Voraussetzungen der Wildziegen für einen Anschluss an den frühneolithischen Menschen, der eines Tages in ihrem Verbreitungsgebiet aufgetaucht ist. Dieser selbst wird sich ebenfalls intuitiv oder willentlich an das Wesen der Tiere in seiner Obhut angepasst haben. Nicht von ungefähr meint der Volksmund, gewisse zickige oder kapriziöse Eigenschaften an Menschen festmachen zu können.

---

[88] Wallner, R. M. (2004)
[89] Yokom, Ch. (1967)
[90] Briefer, E. F. & A. G. McElligott (2012), Briefer E. F. et al. (2014), Briefer, E. F. et al. (2015)
[91] Nicholson, M. C. et al. (1992), Shackelton, D. M. & C. C. Shank (1984), Yokom, Ch. F. (1967)

Vermutlich haben sich junge Frauen, die selbst noch nicht Mutter waren oder gerade ein Kind verloren hatten, verwaister Bezoarkitze angenommen und sie sogar an der eigenen Brust gesäugt. Bei indigenen Völkern kommt Vergleichbares noch heute vor.

Kubanische Ziege als Säugamme (Archiv)

Nach der Meinung von Haustierforschern mag dies die Domestikation der Ziege unterstützt haben; doch wollen sie lieber glauben, dass eine derart umwälzende Verwandlung einer Wildtierart von Herden ausgegangen sein müsse, die man in größerem Ausmaß selektieren konnte.[92] Dennoch sollte die frühe Nähe zwischen dem Menschen und seinen Tieren nicht unterschätzt werden. Nicht jede Bevölkerungsgruppe wird gleich Gemeinschaftsherden mit eigenen Hirten gehabt haben. Viel eher hat man das familiäre Besitzdenken, das mit einer Landnahme einhergeht, auch auf seine Tiere bezogen und sie zuerst im eigenen Bereich gehalten; denn Besitz war nun nicht mehr Allgemeingut, sondern indi-

[92] Herre, W. & M. Röhrs (1990)

viduell.[93] Kinder und Kitze werden, wie heute, gerne miteinander gespielt haben. Man hat neben- oder miteinander gegessen und ist aneinander geschmiegt eingeschlafen, besonders bei Kälte, kurz: man hat das Leben mit seinen Tieren geteilt. Noch heute gibt es Kulturen, die Ziegen als Familienmitglieder betrachten.[94]

Kinder und Kitze gewöhnen sich von klein auf aneinander (um 1970, Archiv)

Die frühneolithischen Siedler werden als Besitzer ihrer Tiere auch entsprechend auf sie Acht gegeben haben, um sie nicht zu verlieren; bestimmt werden sie jenes Mitgefühl, mit dem sie den Zusammenhalt untereinander festigten und das sie eigentlich erst zu Menschen gemacht hatte,[95] auch auf ihre Haustiere oder die zahmen Vorstufen dieser angewandt haben. Heute weiß man, dass frühe Kulturen ihr Selbstverständnis noch nicht we-

[93] Ingold, T. (1984)
[94] Rosny, de E. (1999); vgl. ‚Wie wir Ziegen sehen'
[95] Bauer, J. (2006)

sentlich von Tieren abgrenzten.[96] Die besondere Fürsorge fürs eigene Tier besteht bis in die Gegenwart: für bäuerliche Landwirte ist es auch in unserer individualisierten westlichen Gesellschaft immer noch selbstverständlich, bei bevorstehenden Geburten ihrer Zuchttiere, egal ob Rind, Pferd, Ziege oder Schaf, im Stall zu wachen. In den alpinen Bergbauernhöfen mussten Schulkinder noch bis in die 1960er Jahre neben der Muttersau im Stroh nächtigen, um sie daran zu hindern, dass sie ihre neugeborenen Ferkel im Niederlegen an der Wand zerquetscht.

Durch die Domestikation hat der Mensch nicht nur ein Wildtier in ein Haustier verwandelt; er hat sicherlich auch sich selbst verändert, indem er sein Leben auf seine Tiere abgestimmt und damit einen Teil ihres Wesens internalisiert hat. Domestikation führt zu wechselseitiger Abhängigkeit. Vom Umgang mit Säugetieren muss das in besonderer Weise angenommen werden. Sie sind fühlende und bis zu einem gewissen Grad denkende Wesen, die mit uns vielseitig kommunizieren können.[97]

Das Wesen der Ziege mitzuerleben, ihre Absichten zu erkennen und ihnen bei Bedarf vorauszueilen, verlangt einiges an Verständnis und Einfühlungsvermögen.[98] Dies mag umso leichter fallen, je ähnlicher ihr Charakter dem des Menschen ist – und umgekehrt. Gezielte Zuchtwahl half, die Hausziege an den Halter und seine Bedürfnisse anzupassen und brachte gleichzeitig diesem selbst bei, wie man ihr alles das gibt, was ihre Nutzung und ein Zusammenleben beider erleichtert. Als Nebenprodukt der Domestikation treten beim Tier erstaunliche Fähigkeiten auf: zum Beispiel folgen Hausziegen den Blickrichtungen ihrer Betreuer, um bestimmte Futterquellen zu finden.[99] Sie schauen ihrem Menschen grundsätzlich gerade von vorne ins Gesicht. Damit stehen sie auf einer Stufe mit Primaten. Haushunde können dies im Gegensatz zum Wolf ebenfalls. Eine Erklärung für diese

[96] Vgl. Maag, V. (1983)
[97] Vgl. ‚Ziegenflüstern'
[98] Vgl. ‚Signatur und Temperament'
[99] Kaminski, J. et al. (2005)

Fähigkeit eines Haustieres gegenüber seiner Stammart wäre, dass die Domestikation das Limbische System im Gehirn am stärksten reduziert hat. Dieses ist unter anderem für die Fluchtbereitschaft und die Angst vor Fremdem verantwortlich. Fallen diese Neigungen weg, dann können sich Intelligenz und soziales Lernen besser entfalten.[100]

Bei Hunden hat man inzwischen eine Region im Schläfenlappen gefunden, die aktiv ist, wenn die Tiere Gesichter betrachten, eine Anpassung an das Zusammenleben mit dem Menschen.[101] Womöglich gilt dies für Hausziegen auch. Indem ein Wildtier domestiziert wird, entwickelt es sich biologisch-kognitiv weiter. Gleichzeitig entfaltet der Mensch sich selbst sozio-kulturell. Beide Prozesse gehen miteinander Wechselwirkungen ein, die man definitionsgemäß durchaus als Koevolution bezeichnen kann. – Wer weiß, was unsere Ziegen noch alles lernen und ihrerseits uns lehren werden, wenn wir künftig noch tiefer in ihr Wesen und ihre Fähigkeiten eindringen?

1930er Jahre, Archiv

[100] Briefer, E. F. et al. (2014)
[101] Dilks, D. et al. (2015)

Links: Rauriser Schulmädchen in täglicher Begleitung ihrer Lieblingsziege, Ende 1930 / Anfang 1940 – Mit freundlicher Genehmigung von Familie Rasser, Rauris (S)

Rechts: Im 21. Jahrhundert dürfen kleine Mädchen mitunter auf ihrem Ziegenbock reiten – Mit freundlicher Genehmigung von Familie Pirker, Gmünd (K)

5

Ziegenflüstern

Wenn ein Löwe sprechen könnte,
wir könnten ihn nicht verstehen.[102]

Pferdeflüsterin, Hundeflüsterer, Seelenflüstern: das sind mittlerweile geläufige Bezeichnungen für das Gespräch mit Tieren.

> Wenn der Löwe jedoch eine Sprache spräche, dann würde er mit uns zumindest in der Lebensform der Sprachpraxis übereinstimmen. Eine grundsätzliche Möglichkeit des Sprachverstehens bestünde. [...] Aber der Löwe spricht eben nicht![103]

Da der Sprachphilosoph das Beispiel eines Löwen bemüht, um zu behaupten, wir könnten Tiere wegen ihrer Unfähigkeit zu sprechen nicht verstehen, darf vermutet werden, dass er noch nie versucht hat, mit einem Vertreter dieser Großkatzen zu kommunizieren; womöglich nicht einmal mit Hauskatze oder Hund, die im menschlichen Lebensraum ungleich häufiger anzutreffen sind. Freilich geht es dem Philosophen dabei um die menschliche Sprache und nicht um eine generelle Unfähigkeit von Tieren, sich auszudrücken; dieses kann nämlich als Körpersprache visuell geschehen oder als Emotion direkt von einem Individuum zum anderen springen, auch über Artgrenzen hinweg. Die Kommunikation verläuft meist auf mehreren Ebenen, die auch miteinander verzahnt sein können. Wir sind imstande, tierisches Verhalten von außen wahrzunehmen über tiefes Einfühlen, einer Empathie, bei der wir meinen, die Gefühle und Empfindungen unseres Tieres selbst zu verspüren, bis hin zu übersinnlichem Empfangen von Botschaften.

---

[102] Ludwig Wittgenstein (2000)
[103] Wachtendorf, T. (2006)

Achtung vor dem Raubtiergesicht!

Wenn wir unser Tier genau beobachten, lernen wir dessen Körpersprache und Laute. Wir können dann versuchen, uns ihm so zu nähern, als wären wir seinesgleichen, womöglich ein Leittier seiner Art.[104] Abzurichten, wie zum Beispiel ein Pferd, braucht man die anderen landwirtschaftlichen Nutztiere in der Regel nicht. Sie leben in einer Herde und dienen einem bestimmten Produktionsziel. Trotzdem sollen sie ihren Betreuern zugehen und sich auch einzeln führen sowie melken lassen. Dazu ist es notwendig, dass sie uns vertrauen. Schon während der Aufzucht darf nichts geschehen, das die Tiere negativ mit uns verbinden.

Im Umgang mit Herdentieren sollten wir vor allem vermeiden, sie an ihre Erzfeinde, Wolf oder Bär, zu erinnern: domestizierte Tiere haben von ihrer wilden Stammform her immer noch tief in ihren Instinkt eingeschrieben, dass ein Dreieck aus nach vorne gerichtetem Augenpaar und Mund, wie auch in unserem Gesicht, zu einem potenziellen Beutegreifer gehört. Huftiere selbst sehen einander überwiegend von der Seite an, da ihr binokulares Sehfeld vorne recht schmal ist. Mit der Domestikation hat die Ziege gelernt, ihrem Menschen gerade von vorne ins Gesicht zu blicken und in dessen Mimik zu lesen.[105] Im Freien scheint aber ihre alte Vorsicht vor dem ‚Raubtiergesicht' diesen Neuerwerb zu überlagern. Ergreifen kann man sie nämlich dort am leichtesten, wenn man vermeidet, die Gewünschte vorher direkt anzuschauen.

> Wo Mutterziegen mit ihren Kitzen gehalten werden, egal ob in einer Koppel oder auf der Alm, wird es immer wieder notwendig sein, eine Ziege kurzfristig an die Hand zu nehmen, beispielsweise zur Euterkontrolle. Jeder Ziegenhalter wird bestätigen können, dass diese bestimmte Geiß auf der Weide dann am besten zu erhaschen ist, wenn man ihr nicht schon durch direkten Blickkontakt verrät, dass ausgerechnet sie gemeint ist.

---

[104] Roberts, M. (2002)
[105] Vgl. ‚Vom Wildtier zum Haustier'

Manche Kitze zeigen von Geburt an großes Interesse am Menschen; andere bleiben bei gleicher Behandlung ihr Leben lang reserviert. Solche lassen sich im Freien oft nicht einmal durch Leckerbissen in greifbare Nähe locken. Sie wissen genau, wie weit der menschliche Arm reicht und trachten immer, sich hinter anderen zu verbergen. Am besten können Sie so ein Verstecktes überlisten, wenn Sie eines seiner Beine von unten zwischen den Beinen einer Andern hindurch erfassen.

Körpersprache und Blick

Da Ziegen außer beim Wiederkäuen ständig als Ganze in Bewegung sind, drücken sie Stimmungen mit ihrem gesamten Körper aus, mit ihrer Körpersprache. Ziegen haben, anders als zum Beispiel Caniden, die Hundeartigen, nur eine sehr beschränkte Mimik. Die Muskelspannung in ihrem Gesicht sagt aber viel über ihr Befinden aus: wenn etwa das Kinn bei geschlossenem Mund eine Falte bildet, ist dies ein Zeichen, dass ihnen übel ist. Deutlich beweglicher sind die Ohren. Ihre Stellung verrät viele Absichten. Nach vorne richten sie die Ohrmuscheln, wenn etwas ihre volle Aufmerksamkeit hat, sie also ‚ganz Ohr' sind. Zeigen die Ohren gerade nach oben mit den Öffnungen zur Seite, so kündigt die Ziege an, dass sie mit den Hörnern zustoßen will; sie macht ihre Kopfumrisse damit nach oben spitz.[106] Lässt sie die Ohren überhaupt hängen – was natürlich nicht für Rassen mit angeborenen Hängeohren gilt –, dann stimmt etwas Gravierendes mit ihrem Wohlbefinden nicht und sie ist ernstlich krank.

Vorige Seite: Ziegen blicken dem Menschen direkt ins Gesicht – Pinzgauer Ziege aus dem Betrieb Michael Auer, Abtenau

Nächste Seite: Muss Liebe schön sein! Altziege mit offensichtlicher Freude an ihrem jugendlichen Liebhaber

[106] Vgl. ‚Signatur und Temperament'

Ein Angebot, das ihnen widerstrebt, beantworten Ziegen mit Kopfschütteln wie wir. Das kann eine Futterart sein, die sie nicht mögen; am häufigsten zeigen sie dies aber in der Paarungszeit, wenn sich der Bock mit nach vorne gestrecktem, etwas schief gelegtem Haupt einer Geiß vorsichtig nähert. Das ist seine Art zu fragen: ‚wie wär's mit uns beiden?' Solange die Ziege nichts von ihm wissen will, springt sie entrüstet weg und schüttelt dabei verneinend den Kopf. Das Umgekehrte, dass der Bock sich kopfschüttelnd von einer allzu lästigen Ziege abwendet, gibt es auch, aber viel seltener; davor muss er sie schon etliche Male begattet haben.

> An einem warmen Morgen anfangs August war es so weit: meine Ziegenherde sollte ihren neuen Bock bekommen. Er stammte von einem anderen Züchter und war erst sechs Monate alt. Sie kannten einander noch nicht. Gemäß unseren Zuchtbestimmungen muss der Ziegenbock ausgewechselt werden, sobald dessen Töchter in der Herde verbleiben, damit es nicht zur Inzucht kommt. Waren die Geschlechter in den Monaten vor der Decksaison getrennt, dann verspricht das überraschende Zusammentreffen eine baldige Brunft. In diesem Jahr war der junge Bock noch um ein Drittel kleiner als die Altziegen. Als ich ihn zur Herde brachte, sah mich die bedächtige, alte Glockenziege Fauna mit ihren großen schönen Augen an, blickte dann auf ihn und wieder zu mir. Es schien als wollte sie sagen: ‚Was, dieser Zwerg soll heuer unser Mann sein?' – Der machte seine Sache dann aber trotz des Größenunterschieds gut und im darauf folgenden Winter kamen viele gesunde Kitze zur Welt.

Im Gegensatz dazu kann es vorkommen, dass ein stattlicher mehrjähriger Bock die Erstlingsgeißen, die noch lange nicht ausgewachsen sind, ablehnt und brutal verscheucht, wenn sie sich in höchster Bockigkeit schwanzwedelnd um seine Aufmerksamkeit bemühen. Das ist evolutionsbiologisch durchaus sinnvoll; kann er doch einer erwachsenen Ziege eher zutrauen, dass sie seine Nachkommen austrägt und gesund aufzieht. Meist fürchten sich die Kitze im ersten Lebensjahr aber ohnehin vor den imposanten Hörnern über einem langen, stinkenden Bart. Zudem vermeiden erfahrene Böcke die Kraftverschwendung allzu häufiger Sprünge.

> Wer aber meint, ein Ziegenbock nähme seiner sprichwörtlichen Triebhaftigkeit gemäß jede erwachsene Geiß zur Frau, der hat den Bock Stein nicht gekannt. Aus irgendeinem Grund mochte er eine der ihm zugeteilten ‚Damen' nicht. Entweder gefiel ihm ihre Haarfarbe nicht – ihr Braun war deutlich heller als das der anderen – oder sie duftete für ihn nicht gut genug. Jedenfalls ließ er sie links liegen und stieg weiterhin seiner Favoritin nach, obwohl diese schon längst nichts mehr von ihm wissen wollte und das auch tatkräftig zu verstehen gab. Stunde um Stunde verstrich, während die Missachtete ohne Unterlass versuchte, seine Aufmerksamkeit auf sich zu ziehen. Es war aussichtslos, sie würde dieses Jahr ohne Nachkommen bleiben…
> Schließlich schien nichts anderes mehr zu helfen, als die beiden für die Dauer eines Deckaktes miteinander im Stall einzusperren. Doch auch hier widmete sich Stein seiner einzigen Gefährtin nicht. Durch das Fenster beobachtete er den draußen friedlich weidenden Rest der Herde, während die Blonde drinnen vor seiner Nase verführerische Tänze darbot. Allein, sie schienen ihn nicht zu erregen. Und dann geschah das Unerwartete: im Grasen kam seine Liebste der Stallwand ganz nahe; Stein sah sie groß vor seinem Ausguck, besprang sofort die Lückenbüßerin – und entlud; ohne Werberitual, ohne Vorbereitung, ohne Nachspiel!

Als Ziegenorgan mit der stärksten Ausdruckfähigkeit empfinden wir zweifellos ihr Auge[107] – und diese hängt nicht nur von der Stellung der Lider ab. Der abgedroschene Vergleich ‚Spiegel der Seele' drängt sich hier auf. Die Größe der Pupille und die Farbe der Iris geben Auskunft über tief innere Vorgänge. Nach gelungenem Deckakt, zum Beispiel, bleibt die Geiß etliche Sekunden mit verklärtem Blick stehen und fühlt offensichtlich in sich hinein. Ziegen sind Genusswesen. Beim Bock dauert die Erholungsphase danach weniger lang und er nützt sie gleich für die Reinigung seines Begattungsorgans. Genuss empfinden Ziegen augenscheinlich auch beim Saugen ihrer Kitze oder beim sanften Melken: wenn sie sich dabei entspannen können, schließen sie die Augenlider halb und beginnen mit dem Wiederkäuen. Das Wiederkäuen ist jedoch keine automatische Reaktion auf das Gemolkenwerden. Wenn der Geiß nicht möglich ist dabei zu entspannen, etwa weil ein fremdes Kitz angelegt wird, unterlässt sie es.

[107] Vgl. ‚Wie wir Ziegen sehen'

Ein Bestandteil des Auges ist die Nickhaut, ein Relikt des innersten Augenlides, das bei Vögeln und Reptilien noch komplett vorhanden ist. Sie sitzt im inneren Augenwinkel. Normalerweise ist sie nicht zu sehen. Schiebt sich die Nickhaut jedoch gegen das Auge hinaus, so ist dies ein sicheres Zeichen für eine Verwurmung; meist erscheint gleichzeitig die Iris trüb. Ist diese auffallend hell, während die Pupillen auch bei Dämmerung ganz schmal sind – ich nenne es den ‚gelben Blick' –, so hat die Ziege Fieber. Ihre normale Körpertemperatur liegt zwischen 38,5 bis 40,5 Grad Celsius, Kitze können 41 Grad erreichen. Alles was darüber liegt, sollte behandelt werden.

Mit Tieren empfinden

Tiere sehen die Welt anders als die meisten von uns. „Das Tier strukturiert seine Umwelt nicht nach objektiven Gegebenheiten oder Mustern, sondern nach der subjektiven Bedeutung vor dem Hintergrund seines eigenen Körpers".[108] Temple Grandin vergleicht die tierische Wahrnehmung mit der von Autisten: Tiere abstrahieren nicht, sondern sind detailorientiert; sie nehmen Unterschiede besser wahr, als Gemeinsamkeiten. Sie empfinden eher hyperspezifisch, das heißt, sie kategorisieren kaum, am wenigsten Abstraktes. Tiere nehmen quasi die Rohdaten visuell und akustisch wahr und keine Schemata – daher übersehen sie Ablenkungen nicht wie wir dies tun, sobald wir auf einen anderen Inhalt konzentriert sind. Aber auch Tiere haben ein Bewusstsein; eines, das wortlos mit Bildern, Geräuschen und mit Duft- und Geschmacksempfindungen, sowie über Tasterfahrungen beseelt ist. Wenn wir verstehen wollen, was Tiere bewegt, müssen wir lernen, die Welt von ihrer Warte aus wahrzunehmen und dabei unser Denken, speziell das abstrahierende auszuschalten.[109] Damit geben wir unserer Intuition freien Lauf. Wir werden dabei überraschende Empfindungen verspüren können, die ursächlich nicht aus uns stammen:

---

[108] Weber, A. (2003): S. 100 f.
[109] Gradin, T. & C. Johnson (2005)

Livia stand in ihrer trockenen, sauberen Box im Stall und sah mich an, als ich zu ihr trat. Ich hockte mich auf Augenhöhe zu ihr nieder, um ihre eintägigen Kitze zu betrachten. Im Niedergehen überwältigte mich ein warmes, hüpfendes Glücksgefühl, das aus Livias Richtung kam. Seine Intensität überraschte mich. Meine eigene Freude über den Nachwuchs unterschied sich davon deutlich. Sie war auch von züchterischen Plänen beeinflusst und bei weitem nicht so überschwänglich wie die Gefühlswelle, die offensichtlich die Ziegenmutter verbreitete. 1.2.2006

Solche Gefühle werden freilich immer subjektiv bleiben; nie wird man sie naturwissenschaftlich überprüfen oder gar reproduzieren können. Sie sind, wie sie sind; und eigentlich bedarf es auch keiner Zuschreibungen. Als soziale Wesen hat uns die Evolution mit der Fähigkeit ausgestattet, Stimmungen und Emotionen unserer Gruppenmitglieder richtig einzuschätzen und wortlos übernehmen zu können. Die Wissenschaft hat als Organe dieser Empathie sogenannte Spiegelneuronen festgemacht. Diese besonderen Nervenzellen im Gehirn zeigen schon beim passiven Beobachten von Handlungen oder beim Hören von Geräuschen die gleichen Aktivitätsmuster, wie wenn das Subjekt diese Vorgänge selbst ausführen würde. Dieses Mit-Fühlen läuft schneller ab, als Kommunikation über Worte. Mitmenschen erfassen sofort, was Sache ist, und sparen im Notfall wertvolle Zeit. Mehrere Individuen können auch synchron als Gruppe agieren, indem jedes spontan an der Gruppenstimmung teilhat. Die Grenze zu dem, was wir als übersinnlich bezeichnen, ist bei uns fließend. Daher verstehen viele unter ‚Flüstern' Botschaften, die wir aus dem Tierreich empfangen können und nur in unsere Sprache übersetzen.

Daphne wurde unruhig. Gesenktes Becken, hervortretende Hüftknochen, weiche Mutterbänder und heißes Euter sprachen von ihrer knapp bevorstehenden Geburt. Der übergroße Bauch deutete auf Mehrlinge, was Komplikationen wahrscheinlich machte; daher wollte ich die Gebärende keinesfalls in ihrer wichtigen Stunde allein lassen. Die Uhr wies aber bereits nachts halb Elf. Ich war von meinem intensiven Tagwerk schon so erschöpft, dass ich meine Augen beim besten Willen nicht länger offen halten konnte. Eine Stunde ist beim Warten auf eine Ziegengeburt gar nichts. Sie haben scheinbar alle Zeit der Welt. Schnell geht alles erst, sobald ein Kitz richtig in den Geburtskanal eingeschossen ist und die Presswehen beginnen. Bis dahin wollte ich etwas Schlaf finden. Wie aber einschätzen, wann der entscheidende Moment kommen würde? Also begab ich mich vor dem Zubettgehen in mentale Verbindung zu meinem Schützling: ‚Daphne, ich muss mich jetzt unbedingt ein bisschen hinlegen. Ich komme aber sofort zu dir, wenn du mich brauchst. Schick mir Nachricht, dann bin ich gleich da und helfe dir!'

Nach etwa zwei Stunden köstlichen Schlafs war es so weit: Daphne hatte gerufen! Zunächst desorientiert, so abrupt aus dem Tiefschlaf im warmen Bett gerissen worden zu sein, eilte ich hinaus. Um mich herum nicht das geringste Geräusch, tiefste, eiskalte Gebirgsnacht. Ich traf die Geiß im Stall dabei an, wie sie gerade die Nabelschnur ihres Erstgeborenen durchbiss. Daphne hatte es schon fast vollständig trocken geleckt. Vom zweiten lugten bereits ein Vorderfuß und das Näschen in die kühle Stallluft. Ein paarmal kräftig gepresst und schon lag das Geschwisterchen auf dem Strohnest. Jetzt die ganze Prozedur von neuem: die restlichen Fruchthäute ablösen und schlucken, Nabelschnur zerquetschen, Fell mit der Zunge ablecken und dabei massieren… Daphne war so beschäftigt mit den beiden, dass sie gar nicht bemerkte, wie ihr drittes Kitz das Licht der Welt erblickte – ein sehr verschwommenes, denn das Kleine war noch vollständig in die Schafshaut eingeschlossen. Jetzt war die Reihe an mir: Nase und Mund schnell frei machen und damit ein Ziegenleben retten! Denn ohne Geburtshilfe wäre das dritte Kitz, von seiner Mutter unbeachtet, sehr wahrscheinlich in dem zähen Sack erstickt. 23.1.2010

Niemand kann sagen, ob die Geiß tatsächlich eine Nachricht geschickt hatte oder ob die Züchterin mit so etwas wie einem ‚siebten Sinn' das Geschehen im Stall quasi abscannte, während ihr Wachbewusstsein schlief. Der Biologe Rupert Sheldrake beschäftigt sich seit Jahrzehnten mit derlei Phänomenen. Er hat mit zahlreichen weltweiten Studien gerade für Haus- und Heimtiere, die dem Menschen sehr nahe stehen, deren offensichtliche Fähigkeit zur Fernwahrnehmung von unseren Gefühlen und Absichten untermauert.[110] Schon der griechische Schriftsteller Aelian aus dem zweiten Jahrhundert n.Chr. schreibt, eine Ziege spüre, wenn sie geschlachtet werden soll und würde dann nichts mehr essen.[111] Aus den eigenen Erfahrungen kann solches heute nicht mehr bestätigt werden. Denn ausgewachsene Tiere werden in unserer bäuerlichen Ziegenhaltung höchstens notgeschlachtet,

[110] Sheldrake, R. (2003)
[111] Graf, M. H. (2006): S. 239

um sie von einem unheilbaren Leiden zu erlösen, in dem sie ihre Nahrungsaufnahme ohnehin reduzieren.

Fernwahrnehmung

Einiges spricht dafür, dass Tiere auch untereinander telepathische Botschaften austauschen können. William J. Long hat beispielsweise eine Timberwölfin in Nordamerika dabei beobachtet, wie sie einen davonspringenden Welpen durch irgendetwas veranlasst hatte, umzukehren.[112] In diesem Fall kann das wohl ein Laut im Ultraschallbereich gewesen sein, den wir nicht hören können, Hundeartige aber schon. Die Wolfsmutter könnte ihren Kleinen also auch mit höchsten Tönen für Herrn Long unhörbar zurückgepfiffen haben. William Long führt aber noch ein anderes Beispiel an: einmal hatte er ein verletztes Karibu im Dickicht aufgestöbert, wo es sich circa anderthalb Kilometer von seiner Herde entfernt allein versteckt hielt. Obwohl der Forscher absolut sicher war, dass die Herde ihn durch nichts hätte wahrnehmen können, fingen plötzlich alle an zu flüchten, als ob sie durch das verletzte Tier telepathisch verständigt worden wären.[113]

Rupert Sheldrake erklärt telepathische Phänomene mit dem Begriff des ‚morphogenetischen' oder ‚wissenden Feldes'. Zum Beispiel können Hunde und Katzen zuhause spüren, wenn ihre Bezugspersonen zu ungewohnter Zeit und lange bevor sie zu hören sind, den Heimweg antreten. Was die von Sheldrake untersuchten Hunde, Katzen, Pferde oder Papageien können, beherrschen die sensiblen Ziegen ebenso, nämlich Absichten ihrer Halter aus der Ferne wahrzunehmen. Besser, du hütest deine Gedanken – du kannst nie wissen, was davon sie aufschnappen!

> Meine Ziegen leben in abwechselnden Koppelweiden, die so groß sind, dass gewisse Bereiche vom Eingang aus weder einzusehen, noch akustisch zu erreichen sind.

---

112 Long, W. J. (1959): S. 133 f.
113 Sheldrake, R. (2003): S. 249 f.

> Tagsüber halten sie sich normalerweise in solchen Zonen auf. Wenn ich aus einem besonderen Grund zu ungewöhnlicher Zeit für mich beschlossen habe, sie aus ihrem Versteck zu holen, sie mir aber bereits entgegen kommen, drängt sich mir der unwiderstehliche Verdacht auf, sie hätten meine Absicht telepathisch empfangen.

Nach Sheldrake stimmen telepathische Phänomene in folgenden Merkmalen überein:[114]

- betroffen sind meist nahe verwandte Individuen, also solche, die sich sozial nahe stehen und stärker miteinander verbunden sind;
- zumindest bei Säugetieren und Vögeln tritt Telepathie in Zusammenhang mit Gefühlen, Bedürfnissen oder Absichten auf: Unruhe, Angst, Aufregung, Kummer, Hilferufe, Vorahnungen einer Ankunft oder Abreise und auch Sterben;
- Telepathie kann viele Verhaltensweisen von Schwärmen, Herden und Rudeln erklären, wo Gruppenmitglieder sich aus unbekannten Gründen koordinieren.

Telepathische Kommunikation scheint zwischen allen Wesen zu funktionieren, die sich emotional nahe stehen. Neueste Forschungen sprechen dabei von der Möglichkeit einer sogenannten nicht-lokalen Verschränkung des Bewusstseins zweier oder mehrerer Individuen.[115] Der Begriff ‚nicht-lokale Verschränkung' stammt aus der Quantenphysik und meint: wenn zwei subatomare Teilchen einmal miteinander verbunden waren, ‚wissen' sie für immer gleichzeitig voneinander, auch dann, wenn sie räumlich meilenweit voneinander entfernt sind. Denn der Raum, in den dieses Wissen ‚geschrieben' wurde, hat keine Grenzen. Es ist dies keine Kommunikation über elektromagnetische Wellen. Diese könnte höchstens mit Lichtgeschwindigkeit ablaufen. Die Verschränkung aber führt zu einer bleibenden Verbindung, die örtlich nicht bestimmt werden kann. Innerhalb dieser Verbindung findet der Informationsaustausch absolut gleichzeitig statt. Gehirnforscher konnten an Elektroenzephalogrammen (EEG) zeigen, dass Analoges auch bei zwei Menschen vorkommt, die einander innerlich stark verbunden sind. Auch wenn sie räumlich gänzlich voneinander isoliert sind, zeigen sie gleichzeitig dieselben Gehirnaktivitäten. Blutzellen, die

[114] Sheldrake, R. (2003): S. 255 f.
[115] Lommel, P. v. (2012)

in einem Nährmedium am Leben erhalten werden, bleiben mit ihrem Spender für immer in geheimnisvoller Verbindung: erregt man die Person im Versuch, so reagieren auch ihre isolierten Zellen. Der Beispiele ließen sich noch etliche anführen und die gegenwärtige Forschung wird zum Glück nicht müde, solchen Phänomenen nachzugehen.[116]

Vieles spricht dafür, dass es so etwas wie verschränkte Quantenzustände auch in einer gemeinsamen ‚Bewusstseinsdimension' von Mensch und Tier gibt; besonders wenn man bedenkt, wie stark mancher von uns für sein Haus- oder Heimtier emotional entbrennt. Aber auch von Tieren ist bekannt, dass sie fühlen können, wie es ihrem Menschen geht: zum Beispiel Hunde, die ihr trauriges Frauchen trösten kommen. Auch die besonders sensiblen Ziegen übernehmen die Stimmung ihres Bauern sofort, selbst wenn er meint, sich so zu verhalten, wie immer. Und eben weil sie unsere Gefühle und Absichten offensichtlich mitbekommen, ist es besonders wichtig, vor und beim Schlachten von landwirtschaftlichen Nutztieren darauf einzugehen. Haustiere leben stets im ‚wissenden Feld' ihrer Menschen.

Bauer oder Bäuerin sollten daher dem ausgewählten Individuum vor dem Schlachten sagen, was es erwartet, entweder von Angesicht oder mental. Dadurch gewinnt ihre geistig-emotionale Verbindung zu ihm an Tiefe, wie sie schon die Steinzeitjäger kannten. An ihren Höhlenwänden haben diese die gemalten Umrisse ihrer Beutetiere immer und immer wieder nachgezogen, um den Geist des Wildes günstig zu stimmen. Das domestizierte Nutztier sollte nicht eigens gefragt werden müssen; ist doch sozusagen unser Deal mit ihm, dass einzelne sich opfern, damit ihre biologische Art unter menschlicher Versorgung unbeschwerter leben kann als in freier Wildbahn. Die Züchterin sollte sich dennoch bedanken, aus Respekt, dass sich eines hingegeben hat, – wie der zivilisierte Jäger auch heute noch dem erlegten Stück einen ‚letzten Bissen' reicht. Tut sie dies nicht, so könnte der überrumpelnde Tötungsakt einen unkontrollierbaren Energieimpuls freisetzen, der ihr

[116] Lommel, P. v. (2012): S. 300

Gefäß aus den Händen schlägt und auf dem Fliesenboden in tausend Splitter zerschellen lässt.

Aus diesem sensiblen Zusammenhang heraus sei auch daran erinnert, dass die Ziege ursprünglich ihrer nährenden Milch wegen gehalten wurde.[117] Weder die Tatsache, dass Ziegen gar nicht in der Statistik von sechs Schafen, acht Rindern, 25 Kaninchen, 33 Schweinen und 720 Hühnern, die ein durchschnittlicher Europäer im Laufe seines Lebens vertilgt,[118] aufscheinen, noch die Sonderstellung einer persönlichen Schlachtung am Bauernhof gegenüber der industriellen Fließbandverarbeitung lebender Tiere sollten darüber hinwegtäuschen, dass Tierkörper zu verzehren angesichts der wachsenden Umweltschäden[119] heutzutage ein höchst zweifelhafter Weg ist, unseren Organismus mit Vitamin A, B, D und K, sowie Eisen, Natrium und Kalium zu versorgen – von der Einverleibung der Paniken und Ängste verdinglichter Lebewesen ganz zu schweigen. Die 250 Millionen Tonnen Fleisch, die Menschen jährlich weltweit verzehren, sind jedenfalls Leichenteile, mit denen schon allein deshalb stets gesundheitsschädliche Substanzen mitgegessen werden, die von Forschern immer häufiger mit steigendem Übergewicht, Herz-Kreislauferkrankungen, Diabetes mellitus, auch Gicht, Demenz, wachsenden Herzinfarktraten und Krebs in Verbindung gebracht werden.[120] Die Spezies *Homo* ist von Natur aus ein Früchte- und Weichblattesser, ebenso wie seine verwandten Primaten. Die Erfindung des Fleischkonsums ist sekundär und gestattete ihm einst sogar vegetationsarme Regionen zu besiedeln.

Nächste Seite: Wie gut, wenn man gelenkig ist!

---

[117] Vgl. ‚Vom Wildtier zum Haustier' und ‚Kulturhistorische Trittsiegel'
[118] SANTEC MEDIA (2012): Fleisch
[119] Vgl. ‚Die zivilisierte Geiß': ‚Wie geht Zivilisation mit Ziege?'
[120] Z. B. Micha, R. et al.(2015), Gu, Y. et al. (2010), González et al. (2006), Grant, W. B. (2000)

Auf die richtige Übersetzung kommt es an

Nur die Annahme eines grenzenlosen ‚Raumes', in dem jedes Wesen seine Erfahrungen speichert, kann plausibel erklären, wieso Menschen auf telepathischem Weg tierische Ängste und Nöte aufnehmen können. Manche Personen können die Gefühle und Gedächtnisinhalte von Tieren so gut in unsere Sprache übersetzen, dass immer wieder Details aus der Vergangenheit dieser Tiere von deren früheren Haltern bestätigt werden. „Sie können denken, fühlen und sogar diskutieren. Sie führen komplizierte Beziehungen und erleben das gesamte Spektrum der Gefühle, die wir für uns Menschen vereinnahmen", resümiert die berühmte Tierflüsterin Amelia Kinkade.[121] Sie ist davon überzeugt, dass jeder diese Fähigkeit besitzt: Intuition. „Wir haben nur gelernt, sie zu überhören."

Inwieweit im Einzelfall eine Botschaft wirklich aus der Erfahrungswelt der angesprochenen Tierpersönlichkeit stammt oder aus einem Gedankenfeld, das betreuende Menschen gewissermaßen um dieses Tier herum produziert haben, wird sich vermutlich nie auseinander dividieren lassen. Solche Fragen stellt unsere naturwissenschaftlich gebildete Vernunft. In einem verschränkten System kommt es aber nicht darauf an, woher seine Glieder stammen. Das gemeinsame Ganze ist mehr, als seine versammelten Einzelteile. Wir Menschen sind von Natur aus fähig, mittels besonderer Einfühlung den emotionalen und gesundheitlichen Zustand eines tierischen (und auch menschlichen) Gegenübers zu spüren, wie jeder Energetiker aus seiner Praxis bestätigen kann. Rupert Sheldrakes Studien zeigen hierzu noch: telepathische Vermittlung von Information tritt signifikant häufiger auf, als ein Zufall.[122] Nicht das Fühlen scheint die eigentliche Herausforderung, sondern das Empfangene, das in Bildern oder Lauten woher auch immer ankommt, in die richtigen Worte zu übersetzen.

[121] Kinkade, A. (2006): S. 22
[122] Sheldrake, R. (2003)

783 602
300 992

> Meine Ziege Dolde hatte einmal eine nicht heilen wollende, juckende Wunde am Sprunggelenk im Bereich des Fersenbeins. Bevor ich mich in die homöopathische Materia medica vertiefte, fragte ich die Ziege lieber erst wortlos, was ihr helfen würde: ‚Rota', kam in meinem Bewusstsein an. *Rota corona* ist aber eine Nosode, die bei Durchfall gegen Rota corona Viren oder auch als Prophylaxe gegen Frühdurchfälle verabreicht wird.[123] Das kann nicht stimmen. Ich fragte nochmals: ‚Rota, hab ich doch schon gesagt!' – Der Blick in die Heilmittellehre blieb mir also doch nicht erspart: nimm statt dem ‚O' ein ‚U' und du hast das richtige Mittel: *Ruta graveolens*, die Gartenraute, meist mit Überanstrengung, Sehnenverkürzung und Gelenken in Verbindung gebracht, kann ebenfalls bei fressendem Jucken und Wundwerden helfen. Und genau dies hat es bei Dolde auch getan! 15.2.2010

Telepathische Botschaften in Bildern oder Lauten wahrnehmen zu können, verlangt vom menschlichen Empfänger die Fähigkeit, optisch oder akustisch zu denken; Eigenschaften, die wir offenbar mit vielen Tieren teilen. Womöglich ist genau dies das Geheimnis, wieso manche Menschen Tiere doch verstehen können. Mag sein, dass Personen, die in Sätzen oder Worten denken, tatsächlich weniger geeignet sind, aus dem ‚wissenden Feld' Informationen über andere Wesen abzurufen. Vielleicht kommen Bilder oder Laute in ihrem Bewusstsein einfach nicht an. Jemandem, dessen außergewöhnliches Kognitionsvermögen spitzfindige Sprachtheorie hervorzubringen imstande ist, fehlt vielleicht auf der anderen Seite wirklich genau jenes emotionale Fließen, das uns mit Tieren und ihren Gefühlen verbinden kann.

> Die nicht-sprechende Gesellschaft der Tiere wurde häufig für so gleichwertig gehalten, dass man oft die Ansicht findet, gerade dem Menschen fehle die Fähigkeit, mit den Tieren zu sprechen – daher auch die Geschichten und Legenden von außergewöhnlichen Menschen, wie etwa Orpheus, die mit Tieren in ihrer Sprache reden konnten.[124]

[123] S. dazu im Anhang die Bibliographie: ‚Gesundheit'
[124] Berger, J. (2003): S. 15

6

Die zivilisierte Geiß

...aber ein Mensch kann niemals ein Tier werden,
er stürzt am Tier vorüber in einen Abgrund.[125]

Als erstes landwirtschaftliches Nutztier hat die Ziege den Menschen die letzten zwölf Jahrtausende hindurch begleitet. Ihre Anwesenheit in allen Kulturen der alten Welt hält bis heute ungebrochen an. Dem unkontrollierten Weidegang musste man jedoch oft gesetzlich Einhalt gebieten. So war es den Haltern kleiner Wiederkäuer im Pinzgau bereits vom 16. Jahrhundert an verboten, ihre Tiere in Haselnuss- oder Weidenbestände zu treiben. Denn deren Zweige benötigte man zum Korbflechten und Binden von Flößen.[126] Im Laufe des 19. Jahrhunderts nahm die Ziegenhaltung in Europa einen enormen Aufschwung:[127] Der soziale Wandel und die Ablöse traditioneller Anbaumethoden durch spezialisierte landwirtschaftliche Produktion führten dazu, dass Schafwolle in großem Stil aus der südlichen Hemisphäre importiert wurde. Der Bau des Suez-Kanals trug das Seine dazu bei, die Transportwege zu verkürzen. Dadurch sanken die heimischen Wollpreise drastisch. Viele Schafhalter stellten daher auf Ziegen um, adaptierten aber ihre Haltungsformen nicht an dieses intelligente und neugierige Tier. Das heißt, sie überließen es mehr oder weniger den Ziegen, ihr Futter selbst zu suchen. Die Folge davon waren ökologische Schäden in Europa, die gesetzliche Restriktionen nach sich zogen.

In den beiden Weltkriegen trugen Ziegen wesentlich zum Überleben der hungernden Bevölkerung bei. Besonders nach dem zweiten Weltkrieg waren sie in Mitteleuropa unentbehrliche Nahrungsgrundlagen vieler verwaister Familien auf dem Land. Ein, zwei Ziegen konnte man leicht in einer Holzbaracke halten und zum Weiden suchten sie an den noch

---

[125] Marlene Haushofer (1968): S. 44
[126] Saffert, E. (1921)
[127] Boyazoglu, J. et al. (2005)

wenig frequentierten Straßen die Böschungen und Gräben ab. Wo der Wiederaufbau gelang, verschwanden die Geißen bald: die Kleinhäusler konnten ihre Subsistenzen aufgeben und Bauernhöfe benötigten die Ziegenställe nun für Großvieh und Schweine. Erst seit den 1980er Jahren erlebt die Hausziegenhaltung bei uns eine langsame Renaissance, einerseits, weil die Ziegenmilch sogar für Allergiker verträglich ist und ihr Fleisch auch strengen diätetischen Empfehlungen entspricht; andererseits, weil sich die Gesellschaft des Wertes alter, vom Aussterben bedrohter Rassen bewusst wurde. Daraus ergaben sich für Ziegen verschiedene moderne Berufe: als Hochleistungstiere für Milch oder Fleisch, sowie als staatlicherseits geförderte, genetische Ressource in Form von alten Rassen. Die kuriose Empfehlung des Arztes Konrad Anton Zwierlein[128] aus den Jahren 1816 – 1819, in bürgerlichen Haushalten eine Kammer für eine Milchziege einzurichten, hatte sich daneben leider nicht durchgesetzt.

Industriearbeit zur Milcherzeugung

Die Frage hat für die Menschen nicht zu lauten:
Können die Tiere denken? Sondern sie hat zu lauten:
Können die Tiere leiden?[129]

Die moderne Milchziege trägt kein Horn. Sie verzichtet auf jeden Firlefanz; aber das nicht freiwillig. Wenn sie nicht genetisch hornlos ist, nimmt man es ihr, so früh wie möglich, solange die Hornknospen noch ganz klein sind. Man verbrennt dort die dichten Geflechte von Blutgefäßen und Nerven, die aus der noch kaum verknöcherten Schädeldecke sich formieren, um die ziegentypischen Organe zu versorgen. Das Kitz spüre von der nach oben gerichteten, zwei Drittel der kindlichen Stirn einnehmenden Wunde nichts, meint der zivilisierte Mensch, obwohl es nach der Narkose doch deutliche Anzeichen von Schmerz zeigt.[130] Der Ziegenmilchbetrieb wird die Genehmigung zum Enthornen erlangen, wenn er angibt, sie zu brauchen. Dass man die Ziege damit auch eines wichtigen

[128] Zwierlein, K. A. (1816/1819)
[129] sinngemäß nach Jeremy Bentham um 1780: Bentham, J. (1828)
[130] Fischer, B. (2011)

Organs zum Temperaturausgleich, für die Körperpflege, sowie zur Gewinnung von Selbstwertgefühl und Respekt durch die Artgenossen beraubt, interessiert im Betriebsgeschehen kaum jemanden; auch nicht, dass man ihr ein persönliches Erkennungsmerkmal nimmt und die Würde ihres Alters. Darüber hinaus dienen die Hörner der Ziege vermutlich als Antennen, ähnlich wie die beiden Äste einer Wünschelrute. Ziegen sind Strahlenflüchter. Sie meiden belastende Zonen, wie Erdverwerfungen oder Wasseradern. Wahrscheinlich helfen ihnen die Hörner dabei, solche wahrzunehmen. Werden sie auf einen belastenden Stallplatz gezwungen, können gesundheitliche Probleme, ein Verwerfen der Leibesfrucht oder gar ihr eigenes Ableben die Folge sein.

Genetisch hornlose Ziegen gab es schon im antiken Rom.[131] Sie sind ein Ergebnis der Domestikation. Reinzüchten lassen sie sich jedoch nicht. Fehlen Bock und Geiß die Hornanlagen, so werden über kurz oder lang Zwitter geboren. Die Natur der Ziege wehrt sich dagegen. Es ist, als ob sie zeigen wollte: wir gehören eigentlich mit Horn! Aber die moderne Geiß arbeitet in der industriellen Milchproduktion auf engem Raum, da ist jede Individualität nur im Weg. In riesigen Hallen zu etlichen Hunderten, die sie gar nicht mehr alle kennen kann, sind Hörner nur ein Verletzungsrisiko. Ist es da nicht verständlich, dass Mensch ihr lieber die Waffen nimmt, als ihren Arbeitsplatz anzupassen? – Ein zweifelhaftes Unterfangen, das den Stress in der Herde nicht mindert, höchstens sichtbare Wunden. Stöße mit unbehorntem Haupt etwa in die Weichteile können ebenso schmerzhaft sein und zu inneren Verletzungen führen. Ein ziegengerechtes Haltungssystem orientiert sich an den artgemäßen Bedürfnissen der Tiere. Erprobte Anleitungen dazu gibt es heute reichlich: wenn Laufstall, dann untergliedern, Sichtschutz, Rückzugsräume, eventuell bestimmte Fressfanggitter und Herdenmanagement nach Familiengruppen oder Freundschaften sind nur einige der Methoden.[132]

Nächste Seite: selbstbewusste Bündner Strahlenziege, eine Schweizer Milchziegenrasse, Betrieb Rupert Hasenauer, Hinterglemm

[131] Benecke, N. (2001)
[132] Waiblinger, S. & C. Menke (2014), Waiblinger, S. et al. (2011), Waiblinger, S. et al. (2008), Keil, N. M. et al (2015)

> In den ersten Stadien der Industriellen Revolution hat man Tiere als Maschinen eingesetzt. Ebenso Kinder. Später, in den sogenannten postindustriellen Gesellschaften behandelt man sie als Rohmaterial. Tiere, die man als Nahrungsmittel braucht, werden wie Fabrikwaren weiterverarbeitet. […] Diese Reduktion des Tieres, die sowohl eine theoretische als auch eine ökonomische Geschichte hat, gehört dem gleichen Prozess an wie jene, durch die Menschen auf isolierte produktive und konsumierende Einheiten reduziert worden sind.[133]

Milchseide

Eine Ziege gibt im Verhältnis zu ihrer Körpergröße mehr Milch als eine Kuh. Ziegenmilch ist für die menschliche Verdauung besonders verträglich, wirkt vielfältig regenerierend und gesundheitsfördernd.[134] Sie enthält mehr Calcium, Vitamin A und Vitamin D als Kuhmilch. Ihr Fettanteil, der mit Ausnahme von 6,5 % bei der Nigerianischen Zwergziege etwas niedriger liegt, ist in viel kleineren Kügelchen gleichmäßig verteilt; Laktose kommt um durchschnittlich 15 Prozent weniger vor. Aufgrund ihrer besonderen Zusammensetzung ist die Ziegenmilch prädestiniert für die Herstellung von Frischkäse, trinkfähige Sauermilchprodukte und Joghurt. Weich- und Hartkäse bedürfen jedoch geänderter Technologie im Vergleich zur Kuhmilch. Die Fettsäuren und das Eiweiß mit weniger Kaseinanteil sind in der Ziegenmilch anders strukturiert. Daher eignet sie sich gut, um besondere Diätprodukte biotechnologisch herzustellen. Die relativ teuer produzierte Ziegenbutter wird vor allem von der Kosmetikindustrie nachgefragt.[135] Gentechnik eröffnet aber noch andere Anwendungsgebiete. So kann aus der Milch gentechnisch veränderter Ziegen der Blutverdünner Antithrombin gewonnen werden; früher mussten diese Eiweißmoleküle aus menschlichen Blutspenden extrahiert werden. Gentechnisch behandelte Ziegen sind aber auch die besseren Spinnen:

---

[133] Berger, J. (2003): S. 21 f.
[134] Schober, Ch. (2003)
[135] Erhardt, G. (2002), Scholz, W. (2002), Wasserbacher, B. (2002)

Die stärkste natürliche Faser stammt von deren Netzen, die Spinnenseide.[136] Da Spinnen aber Kannibalen sind, kann man ihre Seide nicht wie bei Seidenraupen von den lebenden Tieren gewinnen. Daher lässt man jetzt Ziegen diese Seide herstellen. Das heißt, genau genommen nur die Proteine dafür: man verpflanzt die Spinnengene, die für die Produktion des Fadeneiweißes verantwortlich sind, in Eizellen von Ziegen. Werden aus diesen Zellen weibliche Tiere geboren, so enthält deren Milch später Spinnenseiden-Eiweiß. Dieses kann man chemisch isolieren und verspinnen.[137] Auf diese Weise wird eine völlig neue, von der natürlichen Evolution nie vorgesehene Zukunft, eine technisierte Ziege geschaffen.

Die Geiß und ihre Familie

Dafür, dass sie in Großhallen nicht Regen, nicht Frost und keinen Hunger zu ertragen braucht, muss die Geiß, das geborene Familienwesen, auf Angehörige verzichten. Von Natur aus bildet sie nämlich matrilineare Gruppen mit 12 bis 13 Tieren.[138] Kaum, dass die Milchziege ihr Kitz geboren hat, nimmt man es ihr schon weg und zieht es getrennt auf oder verschmeißt es gar. Noch viele Stunden können die neuen Mütter das nicht glauben und suchen ihr Kleines ruhelos. Ihre instinktive Ausstattung sieht sowas einfach nicht vor. Im Freiland sondert sich die Gebärende rechtzeitig von der Herde ab und tut alles, um für potenzielle Beutegreifer keine Spuren zu legen. In der industriellen Haltung lassen die Artgenossen sie selten in Ruhe; etliche verwaiste Mütter warten schon begierig darauf, das Neugeborene ihrer Nachbarin abzulecken, um auszuleben, woran sie bei ihrem eigenen gehindert wurden. Denn ihren Familiensinn hat die zivilisierte Geiß keineswegs verloren. Sie ist immer noch das fürsorgliche Mutterwesen geblieben, das neben ihrer Genügsamkeit eine Grundvoraussetzung für ihre weltweite Verbreitung war.[139] In kleinbetrieblichen Mutterziegenhaltungen kann sie ihr gesamtes Fürsorgeverhalten heute noch ausleben.

---

[136] Powers, A. (2014)
[137] Bell, M. et al. (2014)
[138] s. ‚Vom Wildtier zum Haustier', Stanley C. R. & R. I. M. Dunbar (2013)
[139] s. ‚Freilandhunger mit Verwilderungspotenzial' und ‚Vom Wildtier zum Haustier'

Wenn es um Familie geht, wird die Gefühlswelt unserer Ziege deutlich. Falls sie das Pech hat, dass ihr Kitz tot geboren wurde und du es sofort aus ihrer Nähe entfernst, wird sie dich noch tagelang danach fragen: sie schaut dir ins Gesicht und meckert dich so leise an, wie sie ihr Kitz gelockt hätte.

Ist die Bindung zwischen Mutter und Kind in der ersten dreiviertel Stunde nach der Geburt einmal vollzogen, dann hält sie im Idealfall ein Leben lang, vorausgesetzt, der Kontakt wird nicht zu lange unterbrochen. Nach der Geburt lernen beide voneinander Körpergeruch und Stimmen. Wenn Mutter und Tochter im bäuerlichen Stall den Winter aus Platzgründen getrennt verbringen müssen, suchen sie einander beim ersten gemeinsamen Austreiben sofort wieder auf. Selbst die Anwesenheit neuer Geschwister kann die Töchter aus früheren Jahren nicht daran hindern, in der Nähe ihrer Mütter zu verweilen und ihren eigenen Nachwuchs gleich mitzubringen. So können sich auch deren Kitze bei Bedarf jederzeit ihren Großmüttern anschließen.

Söhne verlassen von Natur aus die Herde als ein- oder zweijährige. In der bäuerlichen Haltung trennt man die Geschlechter idealerweise mit spätestens fünf Monaten, sobald der Kitzbock deckfähig ist. Wissenschaftliche Untersuchungen haben nachgewiesen, dass Ziegenmütter ihre Nachkommen auch nach einer Trennung von bis zu 17 Monaten noch an der Stimme erkennen.[140] ‚Ihren' Menschen, bei dem sie aufgewachsen ist, kann eine verkaufte Ziege auch nach etlichen Jahren noch individuell begrüßen. Mit ihrer Stimme drückt die Ziege auch positive und negative Emotionen aus. Es gibt den Verlassenheitsruf ebenso wie Lockrufe. Auch Gruppendialekte konnte die Verhaltensforschung inzwischen nachweisen.

[140] Briefer, E. F., M. Padilla de la Torre & A. G. McElligott (2012)

Normalerweise lässt eine melkende Geiß kein fremdes Kitz mehr trinken, sobald sie sich Stimme und Geruch ihres eigenen in der ersten Lebensstunde eingeprägt hat. Sie prüft auch später noch während des Saugens immer wieder die Analregion der Kleinen, um sicher zu gehen, dass es ihre sind. Ein Kitz wiederum läuft zum Trinken immer mit heftigem Wedeln des kurzen Schwänzchens auf seine Mutter zu. Dies ist nicht nur ein optisches Signal der Annäherung, sondern verbreitet auch seinen individuellen Duft wie ein Fächer. Will der Ziegenbauer ein fremdes Kitz anlegen, so muss er die Geiß ablenken, indem er zum Beispiel ihr eigenes vor sie hinstellt. Manche Ziegen durchschauen aber diesen Trick und wehren sich heftig. Immer wieder gibt es auch verwaiste Mütter, deren Neugeborene trotz aller Bemühungen nicht überleben – von der Natur dieser Art her zählt das Einzeltier ja nicht viel.[141] Man kann die Ziege danach richtig leiden sehen: schließlich haben alle anderen um sie herum Kinder, nur sie nicht! Ihr Mutterinstinkt kann so intensiv sein, dass sie freiwillig fremde Kitze an kindesstatt annimmt. Am ehesten wird man ihr einen Mehrling überlassen, der bei seiner eigenen Mutter nicht satt wird. Die Mehrlingsmutter hingegen kennt ihre aktuelle Wurfgröße genau. Bis vier kann sie jedenfalls zählen. Entfernt man ein Kitz, so kann es vorkommen, dass sie die anderen so lange nicht trinken lässt, bis die volle Anzahl wieder um sie versammelt ist.

Muskelprotz als Diätspeise

Die Fleisch produzierende Burenziege hat es punkto Enthornung leichter: ihre Hörner stechen nicht in die Höhe, sondern legen sich den Scheitel entlang nach hinten. Deshalb dürfen sie auch in Großherden bleiben. Selbst ihre Kitze darf die Burenziege behalten, wenigstens die ersten zwei bis drei Monate. Dann sieht sie ihren Nachwuchs nie wieder. Ab diesem Alter wird er getrennt gefüttert, bis er das gewünschte Gewicht erreicht hat. Im kurzen Leben des Muskelprotzes verbirgt sich hier die Gefahr: Als Pflanzenfresser verlangen auch Burenziegen nach rohfaserreichem Futter. Um den geforderten Fleischertrag

[141] s. ‚Freilandhunger mit Verwilderungstendenz'

möglichst rasch zu bringen, sollen sie dazu auch genug Kraftfutter aufnehmen. Hierfür stellt man ausgeklügelte Körnermischungen her, versetzt mit Vitaminen und Mineralstoffen. Die verträgliche Menge richtig zu bemessen gleicht einer Gratwanderung; denn der Wiederkäuermagen lässt sich nicht mästen wie der Allesfresser Schwein. Breiniere ist das gefürchtete Schlagwort in der Burenziegenhaltung. Sie entsteht als Folge innerer Vergiftung. Wenn das Pansenmilieu durch zu viel Kraftfutter übersäuert, sterben die unentbehrlichen Verdauungssymbionten und giftige Clostridien vermehren sich unkontrolliert. Dagegen wird aber inzwischen – wie könnte es anders sein? – vorbeugend geimpft…!

Burenziegen in Macken, DE –© Sabine Pörsch mit freundlicher Genehmigung

Betriebe mit mehr als sechzig Fleischziegen sind im deutschsprachigen Raum selten. In diesen Ländern ist Ziegenfleisch auf der Tafel immer noch die Ausnahme gegenüber Schwein und Rind. Das freut die Burenziegen, denn sie müssen die nahrhafte Diät nicht so streng halten und dürfen oft einem Zweitberuf in der Landschaftspflege nachgehen. Die eher bullige Burenziege beherrscht das perfekt im Flach- und Hügelland. In Gebirgstälern trifft man sie indes kaum über der ersten Steilstufe an. Klettern in Felsen ist nicht ihre Sache. Dafür gibt es echte Spezialisten: die alpinen Gebirgsziegenrassen.

Multifunktionalität: alte Tugenden neu entdeckt

Landschaftspflege wird erst dort ein Thema, wo jemand anderer als der Landwirt die Vegetation in ihrer Gesamtheit wie ein topographisches Kleid betrachtet. Sieht dieser sie als Nahrungsressource, als Futter für seine Weidetiere, so haben Urlauber, Touristinnen und Erholung Suchende in der Sommerfrische und im Urlaub am Bauernhof gut zwei Jahrhunderte lang gelernt, bäuerliche Kulturlandschaften wahrzunehmen.[142] Zwar bestimmen gegenwärtig weniger Beschaulichkeit und Wandern, sondern Sportausübung und Events die Freizeit, doch sind offene Landschaften auch hierfür gefragt. Gleichzeitig wächst gerade in den idyllischen Almlandschaften so mancher Hang zu, dessen Bergheugewinnung heute nicht mehr rentabel ist. Warum also nicht das Angenehme mit dem Nützlichen verbinden und die Beweidung mit genau an diese Landschaften angepassten, alten Nutztierrassen fördern? Die nationalen und EU-weiten Instrumente hierfür wären heute nicht mehr wegzudenken.

Alle alten heimischen Gebirgsziegenrassen sind wie gemacht dafür, Gehölze zu reduzieren und zugleich die ökologischen Bedingungen in ihrem angestammten Lebensraum zu meistern: ein trockenes, kräftiges Fundament mit harten Klauen gewährt ihnen sicheren Tritt selbst in steilem und felsigem Gelände; ihr hoch angesetztes, straffes Euter vermindert die Gefahr, sich an scharfen Kanten oder im Gestrüpp zu verletzen; alte Gebirgsziegenrassen sind von Natur aus widerstandsfähig, gesund und langlebig; mit ihren guten Muttereigenschaften ziehen sie ihre Kitze auch im Freiland erfolgreich auf und fördern den Zusammenhalt in der Herde; die heimischen Rassen sind gute Futterverwerter und relativ genügsam; ihr Erscheinungsbild schützt sie gegen potenzielle Beutegreifer und ihre pigmentierte Augenpartie funktioniert wie eine Sonnenbrille. Gebirgsziegen wurden von je her mehr-

[142] Wokac, R. M. (1994)

fach genutzt: für Milch, Fleisch, Leder, Horn, Haar, aber auch als Transporttier. In Rauris beispielsweise waren Ziegen und Bergbau an die 4000 Jahre eng miteinander verknüpft, weshalb auch beide im Gemeindewappen vertreten sind: Ziegenböcke haben nämlich die Erzbrocken des Gold- und Silberabbaus in Körben aus den Stollen und über unwegsame Steige getragen; der letzte Knappe verließ Rauris 1930. Auch in anderen Gemeindewappen kommen Ziegen oder Böcke vor, wenn sie für den Ort eine besondere Bedeutung hatten; meistens in Verbindung mit dem entsprechenden Symbol, wie zum Beispiel die Weinrebe für Bockfließ in Niederösterreich.[143]

Rauris, S.

Bockfließ, NÖ

Zwei historische Rassen mit Zukunft

Die variantenreichen Farben und Schecken der kleinen Wiederkäuer waren stets willkommene Besitzmarken; durch Inzucht hat man daraus Rassen geschaffen.[144] Dass unsere Zivilisation die Größe hat, alte, gefährdete Nutztierrassen als kulturelles Erbe der Menschheit wertzuschätzen und sich um dessen Erhaltung zu bemühen, kommt unter anderem Pfauenziegen und Tauernschecken zugute. Beide sind alpine Gebirgsziegenrassen, deren Anfänge im 19. Jahrhundert verborgen liegen. Von einer eigentlichen Rassezucht kann man in Europa vermutlich – für die einzelnen Nutztierarten zeitlich versetzt – ab dem ausgehenden 18. und der Mitte des 19. Jahrhunderts sprechen.[145] Bis dahin wur-

143 Vgl. ‚Kulturgeschichtliche Trittsiegel‘: ‚Ziegen als Geld und Statussymbol‘; Schöffl-Pöll, E. (2015)
144 Vgl. ‚Vom Wildtier zum Haustier‘: ‚Zucht und Inzucht‘
145 Wallner, R. M. (2004), Jaritz, G. (2014)

den die europäischen Formen als ‚gemeine Hausziege' zusammengefasst und von anderswo lebenden, wie *Kaschmirziege, kurzhaariger russischer Hausziege, tibetanischer Hausziege, sudanischer Ziege, kreuzhörniger Ziege, Zwergziege* und *zottiger Hausziege* unterschieden.[146] In Deutschland begann man Ziegen frühestens in den 1880er Jahren rassenmäßig zu züchten[147] und war auch bemüht, die Typen bildlich, später auch fotografisch darzustellen.

Marie Egner, Ziegenhirte. Radkersburg 1850 bis 1940 Maria Anzbach. Öl auf Karton 17,4 x 24,5 cm, Rückseitig Stempel der VBKÖ. Mit freundlicher Genehmigung von Kunsthandel Freller Antikhaus GesmbH, Linz

Die Bildende Kunst befasst sich verständlicherweise schon lange mit einem wirtschaftlich und kulturhistorisch so wichtigen Tier wie der Ziege. Auf Ölgemälden der alten Meister erscheint sie bis ins 18. Jahrhundert mit starkem Zottelfell und uneinheitlich gefärbt. Im 19. Jahrhundert verwenden viele Landschaftsmaler Ziegen als Staffage. Mitunter tauchen

146 Fitzinger, L. J. (1859)
147 Brehm, A. E. (1938)

naturgetreue Darstellungen von heute alten Ziegenrassen auf, wie bei Friedrich Gauermann. Seine Gemälde sind zwar nicht historisch im Sinne fotografischer Dokumente; doch ist er bekannt für seine natur- und detailgetreuen Objekte, beispielsweise die Tracht oder eben auch die Tierwelt bestimmter Regionen. So stellt er in seinem ‚Viehtrieb am Zellersee' 1862 unter anderem die Tauernscheckenziegen dar. Ob die kleinen Wiederkäuer damals schon als Rassen gezüchtet wurden, ist eher zu bezweifeln.[148]

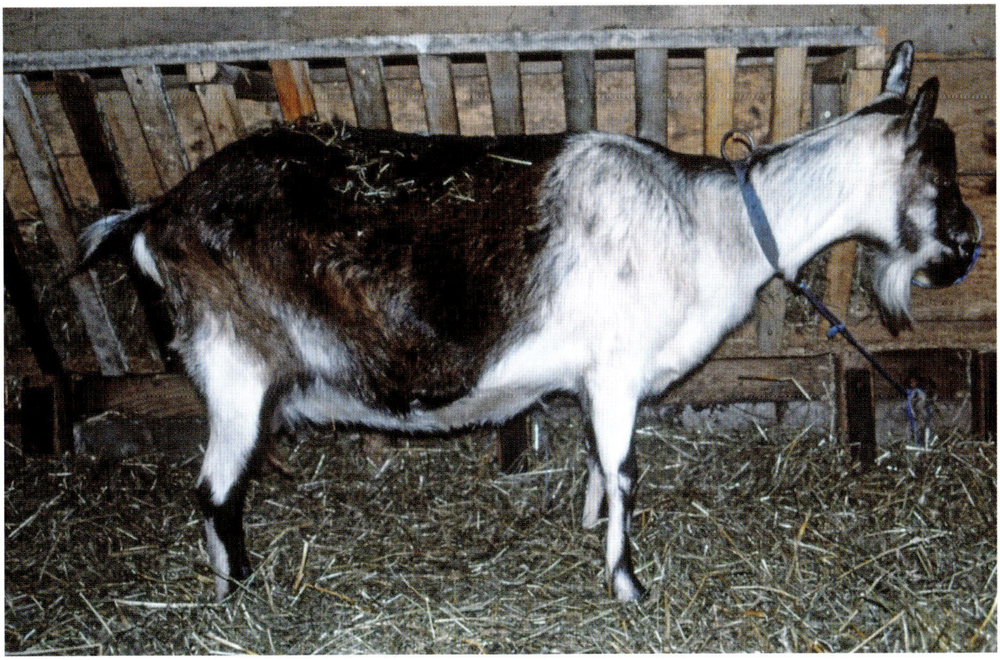

Hornloser Pfauenziegenmischling, 1997

Viele historische Almfotos anfangs des 20. Jahrhunderts zeigen Herden mit typischen Merkmalen heute alter Ziegenrassen. Ungefähr zur selben Zeit dürfte auch das Ölgemälde ‚Ziegenhirte' von Marie Egner entstanden sein. Es zeigt vier Pfauenziegen mit brauner statt schwarzer hinterer Körperhälfte. Neben dem Umstand, dass alle vier Tiere ungehörnt sind, fällt die geringe Variabilität in deren Zeichnung auf. Beides ist eher ungewöhnlich für eine Pfauenziegenherde, zumal damals noch keine strenge Farbselektion betrieben wurde.

[148] Neumayr, U. J. (2001)

Es darf daher angenommen werden, dass die Künstlerin Studien an einer einzigen Ziege zur Vorlage dieser hinreißenden Szene gewählt hatte.

Pfauenziegen und Tauernschecken sind sogenannte Farbrassen mit charakteristischen Scheckungsarten. Die Pfauenziege ist vorne überwiegend hell, weiß bis sandfarben, und von den Schulterblättern nach hinten, von bestimmten weißen Flecken abgesehen, schwarz. Ihre Scheckung ist rechts-links symmetrisch, während Tauernschecken sich durch die unregelmäßige Platten- oder Kuhscheckung in Braun und Schwarz auf weißem Grund auszeichnen. Beide Scheckungstypen bewirken, dass ihre Körperumrisse sich optisch auflösen, egal, ob die Herde in freiem Gelände ruht oder sich bewegt. Das einzelne Tier lässt sich nur mühsam mit den Augen fixieren, ein grundsätzlicher Vorteil gegenüber Fressfeinden.

Pfauenziegen dürften einst über den gesamten Alpenraum verbreitet gewesen sein. Die frühesten Zeugnisse aus Österreich erhalten wir auf Almfotos, beispielsweise von der Bacher Hütte im Lungau 1928,[149] von der Steffialm in Hinterglemm Anfang der Dreißigerjahre,[150] von der steirischen Luseralm aus dem Jahr 1935[151] oder aus Schladming 1937. Melchior Mulitzer, ein Sohn von Kaspar Mulitzer, dem Scheckenzüchter im Rauriser Krumltal (s. u.), berichtete, dass sein Vater im Jahr 1939 auf dem Viehmarkt in St. Johann im Pongau 15 Pfauenziegen erstanden hatte,[152] die in den Salzburger Gebirgsgauen als ‚Steirer Goaß' bezeichnet wurden. Der Almbauer konnte diesen Trupp der Fünfzehn jedoch nicht zur Herde der Tauernschecken gewöhnen; sie gingen immer getrennt, sodass er sie schließlich wieder verkaufte

Ende der 1980er Jahre gab es in Österreich nur mehr wenige Reliktbestände an Pfauenziegen, zum Beispiel im Salzburger Tennengau und im Raurisertal, in Tirol im Stubai- und Valstal, sowie in der Steiermark um Ramsau am Dachstein. Noch 1997 gehörten nur zwei

149 Jaritz, G. (2014): S. 75
150 Wallner, R. M. (2012)
151 Mandl, F. (2003)
152 23.8.2013, mündliche Mitteilung

Züchter mit rund 25 Pfauenziegen dem offiziellen Herdebuch an, der eine war Anton Seiwald im Tennengau, die andere die Autorin im Niederösterreichischen Mostviertel. Die damals noch wenigen Pfauenziegenhalter in Tirol waren nicht in einem anerkannten Zuchtverband organisiert. 2015 leben Pfauenziegen in fast allen Bundesländern mit insgesamt 517 Zuchttieren.

In der Schweiz ist das ursprüngliche Verbreitungsgebiet der Pfauenziege in Graubünden und im Tessin zu suchen.[153] Auch dort begann die regelmäßige Erhaltungsarbeit für die Pfauenziege erst 1989, als es nur noch verschwindend wenige reinrassige Exemplare gab. Die Pfauenziegen-Zuchtgemeinschaft wurde gegründet und heute ist ihr Ziel, die Anerkennung der Pfauenziege als Schweizer Rasse mit offizieller Herdebuchführung, längst erreicht. Der Bestand an Schweizer Zuchttieren liegt mit 1. Juni 2015 bei 1059 Stück. Gleich oder ähnlich gefärbte Ziegen kommen auch im Piemont und im Hochsavoyen der französischen Alpen vor. Solche Ziegen gelangten im Lauf des 20. Jahrhunderts nach Nordamerika. In Mexiko gibt es Ziegenpopulationen, die den Pfauenziegen ähneln. Die heutigen Bestände dieser Rasse in Deutschland dürften ausschließlich auf Importe aus der Schweiz und aus Österreich zurückgehen, wobei aber nicht alle als Pfauenziegen bezeichneten Tieren auch deren Rassebeschreibung entsprechen. Die Passeierziegen in den italienischen Alpen verraten zwar gelegentlich Einkreuzungen der Pfauenziege; ihre Körpergestalt ist jedoch anders proportioniert und wird auf Importe aus Ungarn zurückgeführt. In Dalmatien soll ein mediterraner Typ der Pfauenziege seit je her bodenständig sein, der die Rassebereinigung des kommunistischen Regimes vor allem auf den vorgelagerten Karstinseln überlebt hat.[154]

Nächste Doppelseite: Pfauenziegen in Schladming 1937 (Archiv)

[153] Altmann, F. D. (1992)
[154] Sneberger, N. (1999)

Der kurzhaarige Gebirgsziegentyp mit Plattenscheckung lässt sich für die österreichischen Zentralalpen bis mindestens ins ausgehende 19. Jahrhundert zurückverfolgen. Kaspar Mulitzer, geboren 1884 in Taxenbach, Salzburger Pinzgau, war der erste bekannte Züchter von Scheckenziegen. Er hatte sie schon als Kind gehalten. Entgegen bisheriger Kenntnisse können mit diesem Buch auch Nachweise gescheckter Bergziegen von außerhalb der österreichischen Tauern vorgelegt werden, und das sogar fotografisch: von der Schweiz 1908 und 1910 aus dem Raum Genf; 1913 aus Zermatt, 1928 aus St. Moritz; sowie ebenfalls anfangs des 20. Jahrhunderts aus Frankreich von Chamonix am Mont-Blanc und aus Südtirol von der Essener Hütte im Passeiertal.[155] Sogar aus den Vogesen im Elsass gibt es Fotos dieser Ziegen. Heute fehlen Nachweise gescheckter Gebirgsziegen aus diesen Gebieten. In Norwegen leben noch gescheckte Ziegen,[156] die sich im Aussehen kaum von denen vor hundert Jahren unterscheiden.

Scheckenziegen aus dem Raum Genf 1908 (Archiv)

[155] Ganghofer, L. (1931): S. 74
[156] http://meerblog.de/im-dorf-der-ziegen-und-kaese-tradition-am-aurlandsfjorf-norwegen/

Plattenscheckige Gebirgsziegen aus dem Raum Genf 1910 oben und von Chamonix, Mont Blanc, unten (Archiv)

Gescheckte Gebirgsziegen in Zermatt 1913 oben und in St. Moritz 1928 unten (Archiv)

Wormsatal 1916 oben und Barrenkopf unten, beide Vogesen, Elsass (Archiv)

Puteani beschreibt 1919 eine *Sächsische Ziege*, die „überwiegend schwarz, weiß und schekkig, seltener schimmelig oder rehbraun" gefärbt ist und im Erzgebirge sowie in der sächsischen Schweiz und in den nordböhmischen Teilen des Elbegebietes bei Tetschen-Bodenbach und Umgebung zu finden sei.[157]

In Österreich sind die Scheckenziegen dank Kaspar Mulitzer und seinen Folgezüchtern in den Hohen Tauern bis heute erhalten. Ab 1926 züchtete Mulitzer sie in der Rauriser Rohrmoosalm, Pinzgau. Im Talschluss des Krumltales besaß er eine ungefähr hundertköpfige Herde von 40 Milchziegen, den dazugehörigen Kitzen und galten Jungziegen, sowie einigen Deckböcken. Dort war sie auch vor der nationalsozialistischen Rassebereinigung relativ gut geschützt. Diesen Bestand hatte der Rohrmoosbauer durch Sammelfahrten in andere Regionen der Alpen immer wieder ergänzt und aufgefrischt. Wieweit genau er jemals gekommen ist, lässt sich heute nicht mehr nachvollziehen. Nach seinem Tod 1956 verkam die Tauernscheckenherde bis auf eine Handvoll Tiere beim Rauriser Gassnerbauern. Johann Wallner, ebenfalls Rauris, stieg 1967 mit konsequenter Herdebuchzucht ein und konnte bald weitere Züchter in Salzburg und in anderen Bundesländern gewinnen; danach auch im angrenzenden Deutschland, in Südtirol und seit kurzem sogar in der Schweiz. Die Gründung des Salzburger Zuchtverbandes für Schafe und Ziegen 1995 hat maßgeblich zur Verbreitung dieser Rasse beigetragen. Im April 2015 umfasste die Zuchttierpopulation der Tauernscheckenziegen 1.702 Stück.

Nächste Seite: Einem unbewachten Rucksack kann eine Ziege selten widerstehen

[157] Puteani, E. Frh. v. (1919): S. 10

Wie geht Zivilisation mit Ziege?

Wer von Tieren spricht,
darf über Maschinen nicht schweigen.[158]

Schon längst ist die Ziege kein Symbol mehr für Unterentwicklung oder Armut, wenngleich 95 Prozent ihrer Artgenossen weltweit in Entwicklungsländern leben. In unseren Breiten ist der natürliche Lebensraum für kleine Wiederkäuer jedoch mehr als beschränkt, und das nicht nur wegen der dichten Besiedelung. Auch die vielen anderen, eingesessenen Nutzungsrechte in Grün- und Almlandschaften drängen die Ziegenhaltung zurück. Gesonderte Forschungsprojekte sollen derzeit das Potenzial alpiner Weiden für Ziegen und Schafe ermitteln.[159] Dank staatlicher und EU-Förderprogramme für genetische Ressourcen und kulturelles Erbe dürfte zwar auch die mittelbare Zukunft unserer alten österreichischen Ziegenrassen gesichert bleiben. Aber von ihnen leben kann eine Berglandwirtschaft nicht. Das wäre auch ein neuer Anspruch, denn im (Berg-)Bauernhof waren kleine Wiederkäuer seit je her nur ein zusätzlicher Einkommenszweig. Um heute von Ziegenmilchproduktion leben zu können, muss der Betrieb schon in der Nähe eines sicheren Abnehmers, in der Regel einer Molkerei, liegen. Veredelung am Hof und Selbstvermarktung gelingt meist nur im Einzugsgebiet einer größeren Stadt. Ähnliches gilt für die Vermarktung von Ziegenfleisch. Eine Aussteigerin und Selbstvermarkterin wie Monika Liehl in Parndorf, Burgenland, kann nach eigenen Angaben von ihren zwanzig Milchziegen nur leben, weil sie ihre Ansprüche auf die vor hundert Jahren zurückgeschraubt hat.[160]

Vor hundert Jahren kamen in Tirol durchschnittlich 107 Ziegen auf 1000 Einwohner, in Vorarlberg 70. Im ehemaligen Österreich-Ungarn wurden Ziegen vorwiegend in Gegenden mit dürftigen Boden- und Kulturverhältnissen gehalten, in Karstländern ebenso, wie in der Nähe großer Industriezentren, in Fabriksgebieten und im Umkreis dichtbesiedelter Städte. Auch Kurorte zogen Ziegenmilchproduzenten an.

---

[158] Schmidgen, H. (2004)
[159] Guggenberger, T. et al. (2007)
[160] ‚Zurück zur Natur', ORF2: 26.4.2015, 17:05 Uhr

Tabelle 1: Ziegenbestände in Österreich zwischen 1880 und 1910.[161]

	1880	1890	1900	1910
Niederösterreich	69.870	81.772	80.379	94.500
Oberösterreich	24.250	31.592	29.780	35.289
Salzburg	19.621	17.670	15.759	16.479
Steiermark	43.821	42.238	35.618	33.538
Kärnten	30.265	28.429	26.641	23.934
Tirol	102.017	96.733	93.706	101.578
Vorarlberg	12.090	12.424	11.002	10.265
Summe	**301.934**	**310.858**	**292.885**	**315.583**

Tabelle 2: Ziegenbestand nach Bundesländern von 1946 bis 2014.
(Quelle: STATISTIK AUSTRIA, Allgemeine Viehzählung erstellt am 16.2.2015)

Jahr	Burgen-land	Kärn-ten	Nie-der-österr.	Ober-öster-reich	Salz-burg	Steier-mark	Tirol	Vorarl-berg	Wien	Öster-reich gesamt
1946	7.009	26.173	114.689	38.160	14.563	24.957	21.597	9.192	15.682	**272.022**
1950	9.922	27.105	138.691	42.994	17.472	31.132	31.318	8.680	15.502	**322.816**
1955	9.800	20.781	126.268	39.097	9.562	24.620	18.188	5.331	2.431	**256.078**
1960	5.137	12.589	81.956	26.484	5.392	16.069	10.096	3.177	913	**161.813**
1965	2.324	8.144	47.867	17.093	2.988	10.290	6.873	1.954	298	**97.831**
1970	1.299	6.016	26.381	12.081	2.651	6.795	5.202	1.704	134	**62.263**
1975	1.016	5.111	14.036	8.394	2.487	5.206	5.354	1.445	86	**43.135**
1980	961	3.748	8.337	5.633	2.287	4.212	5.559	1.621	70	**32.428**
1985	895	3.886	6.826	5.527	2.785	4.492	6.545	1.591	48	**32.595**
1990	875	4.328	6.647	6.919	3.757	5.299	7.921	1.547	50	**37.343**
1995	1.056	5.621	10.281	10.993	4.415	7.421	11.789	2.572	80	**54.228**
2000	967	5.712	12.239	11.711	3.917	7.782	11.452	2.258	67	**56.105**
2005	840	4.700	12.315	11.901	3.988	7.599	10.936	2.729	92	**55.100**
2006	552	4.352	12.590	11.463	4.142	6.668	10.584	2.667	90	**53.108**
2007	1.934	5.033	12.274	14.411	4.405	6.938	12.113	3.265	114	**60.487**
2008	745	4.236	12.968	16.346	4.399	7.828	12.620	3.242	106	**62.490**
2009	1.031	4.385	14.830	18.995	4.708	7.892	12.773	3.472	102	**68.188**
2010	927	4.533	15.432	20.337	5.029	7.523	14.001	3.779	207	**71.768**
2011	1.155	4.140	15.451	20.999	5.046	7.175	14.050	4.224	118	**72.358**
2012	1.097	4.876	14.819	21.933	4.981	7.275	13.659	4.350	222	**73.212**
2013	1.000	4.474	14.980	21.306	5.190	7.490	13.226	4.207	195	**72.068**
2014	908	4.390	14.812	19.908	5.337	6.756	14.703	3.777	114	**70.705**

Die Tabelle 2 zeigt, wie die Ziegenbestände in den österreichischen Bundesländern seit den 1980er Jahren mehr oder weniger kontinuierlich angestiegen sind. Erst seit 2013 nehmen sie ab. Die hohen Zuwachse vor allem in Nieder- und Oberösterreich, sowie in Tirol gehen überwiegend auf das Konto von Milchziegenbetrieben: 2014 wurden in

[161] Puteani, E. Frh. v. (1919): S.13 ff.

Oberösterreich 42,44 Prozent (8.406 Tonnen) der Ziegen-Rohmilch produziert, in Niederösterreich waren es 27,96 Prozent (5.539 Tonnen).[162] Tabelle 3 gibt die weltweite Entwicklung der Ziegenbestände und aufgegliedert nach einzelnen Kontinenten an. Global bewegen wir uns nach 2013 auf die milliardste Ziege zu.

Tabelle 3: Entwicklung der gehaltenen Ziegen weltweit und nach Kontinenten. (Quelle: FAOSTAT)

	1961	1965	1970	1975	1980	1985
Afrika	94.254.653	101.041.023	115.410.745	120.004.058	141.108.352	149.193.760
Amerika	33.291.648	35.268.148	32.341.355	31.715.183	31.464.406	34.523.593
Asien	198.406.213	212.267.645	212.584.141	236.126.051	274.168.197	282.368.132
Europa	22.473.699	18.517.561	17.069.877	17.295.338	17.294.460	19.202.136
Ozeanien	300.580	329.910	287.530	311.179	287.773	790.889
Welt	**348.726.793**	**367.424.287**	**377.693.648**	**405.451.809**	**464.323.188**	**486.078.510**
	1990	**1995**	**2000**	**2005**	**2010**	**2013**
Afrika	176.995.394	200.624.058	236.852.594	280.487.138	330.646.649	347.957.726
Amerika	36.948.592	36.030.081	34.921.551	37.671.369	37.146.046	36.305.923
Asien	350.168.883	410.453.900	458.521.280	542.884.156	565.315.515	571.051.689
Europa	22.168.130	19.986.408	18.940.725	18.310.598	17.090.607	16.527.388
Ozeanien	2.939.193	2.203.199	2.396.231	3.853.780	3.920.891	3.960.537
Welt	**589.220.192**	**669.297.646**	**751.632.381**	**883.207.041**	**954.119.708**	**975.803.263**

Milchziegen mit einem durchschnittlichen Laktationsalter von zweieinhalb Jahren können im Ökologischen Landbau bei permanentem Weidegang während der Vegetationszeit in 270 bis 290 Melktagen 600 bis 900 Kilogramm Milch mit 40 bis 55 Kilogramm Fett und Eiweiß liefern.[163] 2014 wurden in Österreich 19.804 Tonnen Ziegenmilch produziert.[164] Die Deckungsbeiträge für ein Muttertier – Ziegen und Schafe zusammengefasst – liegen in Österreich je nach Betriebstyp zwischen 48 und 312 Euro.[165] Nach einer Studie in Deutschland erzielten ökologische Milchschaf- und Milchziegenbetriebe mit 40 bis 180

[162] ÖBSZ (2015): S. 11
[163] Rahmann, G. & B. Hauschild (2009)
[164] ÖBSZ (2015): S. 11
[165] Hambrusch, J. & L. Kirner (2013)

Melktieren bei hofeigener oder kooperierter Milchverarbeitung 2006 bis 2008 zwischen 3,24 und 11,39 Euro Lohn pro Arbeitskraftstunde der Betriebsleiter.[166] Der Gewinn pro Kilogramm Ziegenmilch kann im Biolandbau mit Verarbeitung und Direktvermarktung bei 60 Ziegen durchschnittlich 1,33 Euro erreichen, bei Lieferung an die Molkerei mit 300 Tieren nur 0,14 Euro.[167] In Österreich lag der Preis für Ziegenmilch in der Direktvermarktung 2014 bei 148 Cent pro Kilogramm, in der Lieferung an Molkereien bei 66 Cent.[168] Aus der Ziegenmilch wird heute hauptsächlich Käse hergestellt. Nur zehn Prozent der Milch werden roh oder pasteurisiert verkauft.

Der Deckungsbeitrag für Biokitz-Mast der Burenziege liegt für zwei Kitze pro Mutterziege und Jahr zwischen 72 und 77 Euro pro Kilogramm bei einer Vermarktung über den Handel.[169] Mit einem durchschnittlichen Schlachtgewicht von neun Kilogramm bei Kitzen sowie 25 Kilogramm bei Ziegen und mit einer durchschnittlichen Schlachtausbeute von 53 Prozent bei Kitzen sowie 42 Prozent bei Ziegen erreichte der Ziegenfleischanteil 2014 in Österreich 689 Tonnen.[170] Die Nachfrage nach den gesunden Ziegenprodukten und steigende Ziegenzahlen gehen Hand in Hand. Wünschenswert wären bessere regionale Vermarktungsschienen mit kürzeren Transportwegen und Abnahmegarantien für die landwirtschaftlichen Betriebe.

Als anspruchslose Milch- und Fleischtiere, deren Produkte der menschlichen Ernährung relativ gut bekommen, werden Ziegen in unserer überfütterten westlichen Zivilisation voraussichtlich auch künftig stärker nachgefragt werden und neue Nutzungsformen tun sich auf. Biologisch betrachtet lebt die Ziege in Massenherden aber nicht ihrer Art gemäß. Auch sollte hinterfragt werden, ob das die ökologisch verträglichste Bewirtschaftungsform von fruchtbarem, ebenem Land ist. Dazu kommt die sozioökonomisch und ökologisch

---

[166] Rübeling, S. et al. (2011)
[167] Bioland Beratung GmbH (2013)
[168] ÖBSZ (2015): S. 17
[169] Maurer, G. (2015): S. 268
[170] ÖBSZ (2015): S. 13

höchst bedenkliche Tatsache, dass ein Ziegenproduzent (sogar von Zuchttieren alter Rassen) am Markt heute nur dann konkurrenzfähig ist, wenn er Gerste, Hafer, Mais und/oder Soja zufüttert. Denn damit steht er in der Reihe derer, die weltweit 60 Prozent der Getreide- und 98 Prozent der Sojaproduktion in Tiermägen versenken – mit den bekannt katastrophalen Folgen für den Hunger in der dritten Welt, für Umwelt und Klima.[171] Es ist sehr zu hoffen, dass die bestehenden regionalen Initiativen zu einem Umdenken in größerem Stil führen und wir unseren Wohlstand an die Tiere zurückgeben – im Ganzen wie im Einzelnen –, anstatt noch weiter zu verrohen; sind wir doch die einzige Spezies, die Kraft ihres Geistes über sich selbst hinaus weist!

Weinbeergoaß in Donnerskirchen, Burgenland (© F. Spitzenberger)

Nächste Seite: Junger Bacchus mit Weinbeergoaß in Langenlois, NÖ

[171] Kreuzberger, St. & V. Thurn (2014): S. 38 ff.

ter von der Ziege gefressen wurden, damit, dass er trotzdem Wein geben und danach die Ziege den Göttern geopfert werde.[187] Für Dionysos' Tiere sind die Farben Schwarz und Rot überliefert. Aphrodite hingegen, die *epitragia* – Bockreiterin, die griechische Göttin der Liebe, Schönheit und sinnlichen Begierde, bekam das Fett einer weißen Ziege geopfert.[188] Will man Professor Stegmann von Pritzwald glauben, so war die antike Verehrung der Ziege einzig auf ihrer Milchproduktion begründet und nicht auf dem ausgelassenen Gehabe der Böcke; erst im Laufe der Zeit hat der Wein die vergorene Milch wegen seiner stärker berauschenden Wirkung abgelöst.[189]

Bacchus reitet noch heute als Statue oder Skulptur auf Ziegen, die mit Weintrauben geschmückt sind. Auch seinem Streitwagen sind oft Böcke vorgespannt. Bei Winzerumzügen tritt der Gott der Völlerei gern gemeinsam mit seiner Geiß auf, die ihn nach dem Mythos einst ernährt hat: so wurde er beispielsweise am 3. Okt. 2014 in St. Anna am Aigen, Steiermark, von der Morillon-Ziege begleitet, die Trauben frisst und Wein milkt.[190] In Herne, Deutschland, endet die Zeit der Narretei am Veilchendienstag mit der Verbrennung einer Bacchuspuppe. Diese Feier wird untermalt von einem psalmartig vorgetragenen Lied vom Ziegenkörper.[191] Eine ziegenartige Zwitterfigur mit Vogelmerkmalen begleitet den Weingott Bacchus zur Wintersonnenwende in Moldawien; sie ähnelt dem Traminer Schnappviech beziehungsweise der alpenländischen Habergoaß.[192]

[187] De Gubernatis, A. (1874): S. 330
[188] Graf, M. H. (2006): S. 226
[189] Stegmann v. Pritzwald, F. P. (1924)
[190] http://www.meinbezirk.at/straden/leute/winzerumzug-st-anna-am-aigen-d1112519.html
[191] http://www.derwesten.de/staedte/nachrichten-aus-herne-und-wanne-eickel/bacchusverbrennung-beendet-die-in-herne-die-narretei-id9079132.html
[192] Egetmann-Verein-Tramin (2008)

Pan. Satyr. Faunus.

Der Ziege hat sich auch Juno angenommen, die römische Weidegöttin, deren Zuständigkeitsbereich besonders das Kleinvieh in Gestalt von Ziegen war. Deshalb finden wir Juno häufig mit Ziegenhörnern dargestellt. Aber auch Merkur, der Gott für Warentausch, Reichtum und Gewinn, fühlte sich verantwortlich für die kleinen Wiederkäuer: sein Augenmerk galt aber eher den männlichen: Bock und Widder. Er beschützte sie gemeinsam mit den ganzen Herden und deren Hirten.[193]

Eine antike Figur mit Außenseiterimage ist Pan, der Gott des Waldes und der Natur, den vor allem die Berghirten verehrten. In der klassischen Antike galten Ziegenhirten als besonders geschickt und angesehen. Denn Ziegenherden kann man nicht einfach so zusammentreiben wie Kühe oder Schafe;[194] die Hirten mussten die Kleingruppenformationen ihrer Schutzbefohlenen immer im Auge haben und den Eigensinn der Ziegen stets mit bedenken. Ziegenhirten waren daher von den Ackerbauern dezidiert ausgegrenzt. Ihr Gott Pan lebt – wie könnte es anders sein? – im Rhythmus der Hirten und deren Herden. Panik (!) in seinem Umfeld verbreitet er dann, wenn er in seiner heiligen Mittagsruhe gestört wird. Er meidet belebte Stätten und hält sich lieber in den heimlichen Winkeln der freien Natur auf.[195] Als Mischwesen wurde er mit Ziegenfüßen, Hörnern und Bart bereits etliche Jahrhunderte v.u.Z. geboren. Eine Version besagt, dass er der Vereinigung von Hermes oder Zeus mit Penelope entstamme, die sein Vater in Gestalt eines Ziegenbocks vollzogen habe.

Nächste Seite: Faun mit Weitblick, Martin Karlik 2010, Grazer Landhaus

[193] Küppers, J. (2000)
[194] Graf, M. H. (2006)
[195] Brommer, F. (1949)

Pan ist ein Einzelgänger in einem Mantel aus Bockshaut. Wie ein griechischer Mythos erzählt, wurde er als Bruder von Zeus[196] wegen seines Aussehens gleich nach der Geburt auf Kreta ausgesetzt. Deshalb nimmt er an den Versammlungen der olympischen Götter auch nicht teil. Manche Auslegungen lassen Pan einen Sohn von Kronos und Amalthea sein. Hirtenstab und siebenröhrige Panflöte sind seine Attribute. Damit zeigt er, dass auch ein lustiger Kerl mit Freude an Musik und Tanz in ihm steckt; ganz im Sinne von Dionysos, den er immer wieder begleitet. Seine unbeschwerte Fröhlichkeit gleicht jener von Ziegenböcken.[197]

Weniger prominent, aber ebenfalls in die Richtung des Pan-Mythos weist der Ziegenhirt Krathis. Von ihm erzählt der griechische Schriftsteller Aelian aus dem zweiten Jahrhundert n.Chr., Krathis habe sich unsterblich in eine Ziege verliebt. Aus der Vereinigung der beiden sei ein männliches Mischwesen mit Menschenantlitz und Ziegenfüßen entsprungen. Fortan wurde dieses als Gottheit der Täler und Wälder verehrt.[198]

Wie Dionysos' wurde auch Pans Lebensfreude im Laufe der Jahrhunderte immer stärker als Wollust interpretiert. Das Bild von ihm verschmolz vielfach mit einem anderen altgriechischen Mischwesen: Satyr, der ebenfalls Bocksfüße trägt und der Leibeslust frönt. Im antiken Rom verkörperte der weissagende, Fruchtbarkeit bringende Feld- und Waldgott Faunus diese Eigenschaften. Wie die animalisch männlichen Wesenszüge gedacht werden sollen, stellt zum Beispiel Peter Paul Rubens in seinem ‚Venusfest' (1636 / 37) links unten als Reigen bocksfüßiger Satyre mit ihren drallen Tänzerinnen dar.[199]

Erst das mittelalterliche Christentum hat die Lebensfreude der Fruchtbarkeitsgötter und ihrer Tiere vollends in verwerfliche Triebhaftigkeit umgedeutet. Dass der Ziegenbock die Aufmerksamkeit besonders auf sich gezogen hat, kann eigentlich nicht verwundern. Ist

---

196 Ranke-Graves. R. v. (2005)
197 Vgl. ‚Signatur und Temperament'
198 Graf, M. H. (2006): S. 176
199 Kunsthistorisches Museum Wien, Inv. Nr. GG. 684

doch sein Balzverhalten einzigartig unter den Huftieren: mit nach vorne gestrecktem, etwas geneigtem Kopf nähert er sich seiner Abgebeteten. Sein Haupt bleibt dabei tunlichst unterhalb ihrer Schulterhöhe. Gleichzeitig schiebt er seine Zunge aus dem Mund und schlägt sie im Rhythmus seiner stakkatoartigen Balzlaute, dem Bläbbern, gegen die Oberlippe. Ist die Ziege ihm gewogen, dann darf er bis auf Körperkontakt näher treten. Dabei streckt er einen Vorderlauf gerade nach vorne und schlägt damit ein paar Mal gegen den Boden – wieder Bläbbern – Zungenschlag – Bodenschlagen vereinen sich zu einem Ablauf, der nicht nur die Ziege, sondern sichtlich auch ihn selber ‚anturnt'. Dazwischen prüft er ihren Urin mittels Flehmen:[200] durch Hochziehen der Oberlippe bekommt das Jacobson'sche Organ in seinem Gaumen ein Mittelding aus Geruchs- und Geschmackswahrnehmung zum Grad ihres Östrus. Dann fahren seine Lippen den Hals der Umworbenen entlang zu den Ohren, kosen ihr Gesicht bis unters Kinn. Dies wiederholt er mehrmals zwischen mehr oder weniger langen Verfolgungsjagden, in denen beide immer heißer werden,[201] bis die Natur der Geiß nicht mehr anders kann, als einzustimmen. Ist schließlich das Aufreiten gestattet, begnügt sich der Bock selten mit einem einzigen Mal. Auch wenn der Deckakt schließlich vollzogen ist und seine Partnerin mit verklärtem Blick kugelförmig zusammengeschoben verweilt, war es das für ihn noch nicht. Dann hält Nachsorge: er leckt ihre Genitalien, Euter und Flanken, bis sie wieder zu sich gekommen ist.

Dass angesichts von so viel ‚Schamlosigkeit' eine verklemmte Religiosität dafür dunkle Mächte bemüht, ist irgendwie nachvollziehbar. Aus solchen Phantasien entstammt ein Mischwesen aus Pan, Satyr und Faunus, der Krampus – was so viel heißt, wie ‚mit Krallen versehen'.[202] Dieser erscheint im Ostalpenraum am Vorabend zum 6. Dezember mit Ziegen- und Schafhörnern, einem Ziegen- oder Schafsfell und Schellen am Rücken. Oft begleitet eine ganze Horde seinesgleichen den Heiligen Nikolaus. Ziegen- und Bockshörner standen ursprünglich als Symbole für Kampf und Aggression, aber auch für Fruchtbarkeit.

[200] Zur Verbreitung des Flehmens bei Säugetieren s. die Grundlagenarbeit von Schneider, K. M. (1930-1934)
[201] Vgl. ‚Signatur und Temperament'
[202] Kluge, F. (1999)

Ferner halfen sie, den Frühling zu beschwören, und markierten den Sieg über die Zeit der Dunkelheit: daher findet man bei Charivari-Umzügen in Frankreich heute noch Böcke mit rot bemalten Hörnern; der Ausdruck ‚Bockshorn', also das feurige Horn, bezeichnet in mitteldeutschen Regionen das Osterfeuer.[203] Um Fruchtbarkeit zum Vieh zu bringen und Krankheiten abzuziehen, ist es heute noch Brauch, in Kuhställen einzelne Ziegenböcke zu halten.

Rauriser Krampusse 2015

---

[203] Graf, M. H. (2006): S. 235 f.

Heidrun und Thor-Donar

Die Wein spendende Ziege kannte man auch in der germanisch-nordischen Götterwelt: dort ist es Heidrun. Sie weidet in der Krone der Weltenesche Yggdrasil. Aber aus ihrem Euter kommt nicht Traubenwein, sondern frisch gebrautes Bier. Dieses wurde als Met bezeichnet und war ein durch Opfer gesegneter Lebenstrank,[204] dem wohl auch das Blut der geopferten Ziegen und Böcke beigemischt wurde.[205] Auch Odin ernährt sich von Met als Reminiszenz auf dionysische Vitalität. Aus dem Namen ‚Heidrun' lässt sich eine Verbindung in die Farb , Wetter oder Fruchtbarkeitssymbolik erkennen: altnordisch *heidr* bedeutet ‚hell, klar, strahlend', altnordisch *heid* meint ‚heiterer Himmel, klares Wetter'; beide gehören zur indogermanischen Wurzel *keit* – ‚hell sein, glänzen, leuchten'; *run* dürfte als späterer Ausdruck für ‚Vieh' dazugekommen sein.[206]

Im germanischen Norden finden wir ab dem dritten Jahrhundert v.Chr. deutliche Hinweise auf Matronenkulte, in deren Kontext häufig Ziegen, sowie Füllhörner auftauchen. Immer kreisen die Themen um Fruchtbarkeit und Mutterschaft; sie gelten der Sippe, ihren Tieren und den bebauten Feldern. Bei den Kelten gibt es solche Kulte bis weit in die vorhistorische Zeit ebenfalls, doch stehen sie dort, wie zum Beispiel in Gallien, eher mit Schafwiddern in Verbindung.[207] Ziegenböcke sieht die nordische Mythologie als Befruchter auch im übertragenen Sinn, nämlich als Regenwolke. Ziegengespanne werden nicht nur von mediterranen, sondern auch von nordischen Göttern benutzt: der Wetter- und Fruchtbarkeitsgott Thor oder Donar lässt seinen Streitwagen von riesigen schwarzen Ziegenböcken ziehen. Das Schiff Thors oder Hymirs ist die Wolke; die Edda bezeichnet sie als schwimmenden Widder oder Bock.[208]

---

[204] Grönbech, W. (1980): Zweiter Band, S. 296.
[205] Steiner, C. J. (1891): S. 115
[206] Graf, M. H. (2006): S. 243 f.
[207] Graf, M. H. (2006): S. 93 ff.
[208] De Gubernatis, A. (1874): S. 333

Zwei weiße Ziegen dienen der Göttin Freya für ihr Gefährt. Auch der indische Rigveda berichtet von einer Ziege, die den Wagen des Herden-, Schäfer- und Weidegottes Pusan zieht.[209] Andere Quellen sprechen von einem Ziegen-Pferd, auf dem er reitet.[210] Donar / Thor in Norwegen und Freya in Schweden nahmen auch gerne Ziegenböcke als Opfer an.[211]

Gespann mit einem Bock und zwei Ziegen oder Kastraten, Lyon, Place Bellecour 1915 (Archiv)

Die uralte Vorstellung, dass ein Gott im Ziegenwagen dahineilt, bestätigt schon die kretische Bronzezeit;[212] genauso wie den Mythos der Ziege als Amme von Göttern. Die griechische Amalthea zog nämlich nicht nur Dionysos auf, sondern vor allem auch Zeus. Dieser versetzte sie aus Dankbarkeit an den Sternenhimmel, wo sie seit damals als Doppelsternsystem ‚Capella' – die Verkleinerung von *Capra* – im Sternzeichen des Fuhrmanns

---

[209] Graf, M. H. (2006): S. 238
[210] De Gubernatis, A. (1874): S. 319
[211] Schlender, J. H. (1937)
[212] Brentjes, B. (1986): S. 23 f.

strahlt. Die nordische Ziege Heidrun lebte, wie erwähnt, in der Krone der Weltenesche,[213] mit welcher nichts anderes als das Himmelszelt selbst gemeint war.

Thor wurde mitunter selbst in Bocksgestalt gedacht. Einer Sage nach hat Thor auch seine Böcke getötet und ihnen ihr Fell abgezogen. Der Gott hob ihre Knochen auf, um sie nach Belieben wieder lebendig machen zu können. Thialfi, der Sohn des Bauern, bei dem er wohnte, stahl aber von einem Bock den Beinknochen. Später fehlte dieser Teil einem der wiederhergestellten Böcke, weshalb das Tier von da an lahmte:[214]

> Häufig war Thor unter den Lebenden. Er erschien ihnen aber in anderer Gestalt, so dass sie ihn nicht erkannten. Einst kehrte er bei einem Bauern ein und bat ihn um Herberge, die ihm zugesagt ward. Nun nahm er seine beiden Böcke, schlachtete sie und bereitete für sich und seinen Begleiter eine Abendmahlzeit. Dazu lud er auch den Bauer und seine Kinder ein. Er schärfte ihnen aber ein, die Knochen zu sammeln und sie auf die am Boden ausgebreiteten Bockshäute zu legen. Nun empfand des Bauern Sohn ein Gelüst nach dem Marke des einen Schenkelbeins, zerbiss den Knochen, schlürfte das Mark heraus und warf das zersplitterte Bein zu den anderen Knochen auf die Felle.
> Am nächsten Morgen erhob sich Thor von seinem Lager, weihte Felle und Knochen mit seinem Hammer, und siehe, sogleich standen seine Böcke wieder lebendig vor ihm, kräftig und helläugig, wie sie gewesen waren; nur dem einen lahmte ein Hinterbein ein wenig. Da war Thor sehr zornig, umspannte den Stiel seines Hammers so heftig, dass die Knöchel weiß wurden, und sagte zu dem Bauern und seiner Frau: „Ihr oder eines eurer Kinder hat mein Gebot nicht geachtet. Ihr müsset mir daher schwer büßen!"
> Als der Bauer und sein Weib Thors finsteres Angesicht sahen, erschraken sie sehr und meinten vor seinen drohenden Blicken in den Boden sinken zu müssen. Sie flehten ihn um ihr Leben und boten ihm das Beste, was sie hätten, zur Sühne. Da forderte er ihre beiden Kinder. Obgleich über alle Maßen traurig, mußten sie doch seinem Verlagen willfahren, und Thor nahm die Kinder in den Wagen. Als er nun die Zügel ergriff, sahen sie ihn plötzlich in seiner göttlichen Gestalt. Im Nu fuhr der Wagen durch die Lüfte dahin. Allgemach trösteten sich die Eltern über den Verlust

213 Reuter, O. S. (1921)
214 De Gubernatis, A. (1874): S. 328

ihrer Kinder in dem Gedanken, diese seien in den Gottes Händen besser geborgen als in den ihren.[215]

Amaltheas Fell diente Zeus beziehungsweise seinem kindlichen Stellvertreter Zagreus als Mantel, mit dem sie zum Himmel aufsteigen konnten.[216] Einem anderen Mythos zufolge verwendete Zeus das Ziegenfell als Decke für das Schild, mit dem das Ungetüm Aegide – was sich vom nordischen Wort für Schrecken ableitet – Feuer über Himmel und Erde verbreitet.[217] Den Ziegenbock als Sinnbild des Gewitter- beziehungsweise Blitzgottes kennen auch alte baltische, altaische, chinesische und tibetanische Glaubenstraditionen; vom Blitz getötete Ziegen durften nicht verspeist werden, da die Blitzgottheit sie quasi heimgeholt hat, und die antiken Osseten opferten eine Ziege an der Stelle, wo ein Mensch vom Blitz getroffen wurde.[218] Blitz und Donner entspringt auch der Hagel. Das Süddeutsche kennt dafür den Ausdruck *Kitzebollen* – möglicherweise eingedenk der herabfallenden Köttel, der Losung von Thors Böcken.[219] Diese tragen auch die Beinamen ‚Zähneknirscher' und ‚Zähnefletscher' und symbolisieren damit wiederum eine Gewitterverwandtschaft.[220] Der Regengott Indra kann neben Widder und Regenwolke auch der Bock mit nur einem Fuß sein, oder der, „welcher nur einen Bocksfuß hat, der den Himmel stützt, der blitzt und donnert".[221]

All diese Mythen belegen die Assoziationen zwischen Ziege und Fruchtbarkeit, sowie zu Donner und Blitz; darüber hinaus verraten sie, dass auf den Wanderungen der antiken Völker nicht nur Tiere, sondern auch die Götter mitkamen. Dies ist nicht weiter verwunderlich, denn kein Stamm lebte völlig isoliert von anderen; jede Population wusste von der an sie angrenzenden. Sogar bei nord- und südamerikanischen indigenen Völkern lassen

---

[215] Steiner, C. J. (1891): S. 115f.
[216] Ranke-Graves, R. v. (2005): S. 105
[217] Mutzl, S. (1845)
[218] Graf, M. H. (2006): S. 238
[219] Hesse, N. (2002)
[220] Graf, M. H. (2006): S. 145; vgl. ‚Signatur und Temperament': ‚Die Ziege ein Feuertier?'
[221] De Gubernatis, A. (1874). S. 328

sich die gleichen Mythenthemen nachweisen.[222] – Am Rande sei hier erwähnt, dass in Indianermythen die Bergziege als Großmutter und Magierin vorkommen kann.[223] Diese Berg- oder Schneeziege gehört jedoch nicht in die Gattung *Capra*, wie die Bezoarziege,[224] sondern ist nach der zoologischen Systematik zu unseren Gämsen näher verwandt. Sie lebt in den Bergregionen Nordamerikas und ist nie domestiziert worden. Eine geheimnisvolle Weisheit und die Fruchtbarkeit einer Stammmutter werden aber auch ihr zugeschrieben.

Die Habergeiß

Vierfüßige Habergeiß, von zwei Männern verkörpert. Rauriser Perchtenlauf 2015

[222] Lévi-Strauss, C. (1996): S. 39.
[223] Lévi-Strauss, C. (1996): S. 42.
[224] Vgl. ‚Vom Wildtier zum Haustier'

Ob im Advent, in den Raunächten oder im Fasching: die Habergeiß erscheint heute noch als uralter Spukdämon. Entweder tritt sie im Gefolge der Frau Perchta auf oder als Beitier des Krampus zum Schrecken der Bevölkerung. Wenn die Habergeiß solo geht, dann ist sie ein Fruchtbarkeitssymbol und bestreicht weibliche Personen mit einer Rute. Sie ist im gesamten bayerisch-österreichischen Alpenraum, in den nördlich angrenzenden Teilen Deutschlands bis nach Böhmen sowie in der Schweiz und in Südtirol verbreitet. Als Schnappviech geht sie in Tramin um.[225] In Norddeutschland entspricht ihr der Schnabbuck oder Klapperbock. In Skandinavien stellt sie die mythologische Figur des Julbocks dar. Dieser rückt zu Ehren der erwachenden Fruchtbarkeit im alten nordgermanischen Mittwinterfest aus und beruft sich dabei auf Odin, den Jupiter des Nordens. In Schweden wirft der Julbock Geschenke in die Zimmer, den Julklapp.[226] Der Julbock kann auch als Zugtier des Weihnachtselfen auftreten, womit er wiederum an Thors Böcke erinnert; im Böhmerwald erscheinen Frau Lutz oder Lucia, in Schweden die Lucia oder Lussi gelegentlich als Ziege mit übergebreitetem Betttuch oder Ziegenfell.[227] Diese Frauennamen entsprechen wieder dem Zusammenhang zwischen Ziege und Licht.[228]

Das Wort ‚Habergeiß' leitet sich vermutlich vom germanischen *habraz* ab – wie auch ‚Heidrun'.[229] Die Habergeiß ist ein Zwittertier zwischen Ziegenbock und Geiß, das idealerweise von zwei Menschen verkörpert wird. Sie trägt einen geschnitzten, gehörnten Bock- oder Ziegenkopf mit klappendem Unterkiefer. Darstellungen zeigen sie manchmal mit nur drei Füßen. Sie kann aber auch zweibeinig mit einem Ziegen- oder Vogelkopf erscheinen. Die Assoziation von einem Vogelschnabel zum Gehölz verbeißenden, ‚scharfen Zahn' der Ziege ist durchaus nachvollziehbar.

---

[225] Zerling, C. & Ch. Schweiger (2005): S. 105 ff.
[226] Lammert, E. (2012)
[227] Graf, M. H. (2006): S. 216.
[228] Vgl. ‚Wie wir Ziegen sehen'
[229] Graf, M. H. (2006): S. 207 f.

Als Ziege nimmt die Habergeiß am Salzburger Untersberg an der Wilden Jagd teil. Dies ist ein uralter Brauch, der vermutlich auf keltische Rituale zurückgeht und den Gott der Stürme und der kalten Winterwinde besänftigen sollte. Diese Wilde Jagd findet jedes Jahr vor den Raunächten, also vor dem 21. Dezember, statt. Sie besteht aus zwölf Figuren. Eine davon ist die Habergeiß. Deren Verkleidung bestand ursprünglich aus Häuten geopferter Tiere. Die Truppe soll auf ihrem Lauf Fruchtbarkeit, Glück und Segen in die Häuser bringen und auf keltische Reinigungsrituale zu Neujahr, Samhain, am 1. November, zurückgehen.[230] Spezielle Aufgabe der Habergeiß ist es, Sauberkeit und Ordnung in den Häusern zu überprüfen. In früheren Zeiten hat dies auch den Lebenswandel der weiblichen Bewohner mit umfasst. Hatte sie Anlass, eine Frauensperson zu beanstanden, so wurde diese den Perchten zur Bestrafung übergeben. Die gleiche Kontrolle der Gehöfte übernimmt im übrigen Salzburg bis ins angrenzende Innviertel die Frau Percht. Ursprünglich waren es drei: Ambeth, Borbeth und Wilbeth. Sie sollen unartige Kinder entführt und faulen Dienstmägden den Bauch aufgeschnitten haben, um den Kehricht hinein zu kippen. Den daraus abgeleiteten Brauch hat die Christianisierung in die Raunächte rund ums Weihnachtsfest verrückt.[231]

Dieselbe Intention und damit eine Sonderform der Frau Percht zeigen heute noch die Rauriser Schnabelperchten: zu mehreren kommen sie mit hühnerartigem Gegacker in die Häuser, bewaffnet mit Besen, Schere, Nadel und Zwirn, sowie einer Butte, aus der kindsgroße Füße herausstehen. Die Schnabelperchten werden von großen Männern in Frauenkleidern dargestellt. Ihre Gesichter sind hinter stilisierten Vogelschnäbeln verborgen. Diese Figuren zeigen eine einzigartige Kombination: Kleidung und Gehabe entsprechend den Sagen über die ursprünglich keltischen Perchtenfrauen, aber der – allerdings unbewegliche – Schnabel erinnert an den Vogeltyp der Habergeiß. Dieselbe Tätigkeit im Dienste von Reinigung und Fruchtbarkeit erfüllen also einmal die Habergoaß, die einen Ziegen- oder Vogelkopf haben kann, ein andermal die drei Perchtenfrauen, sowie deren Spezifizierung,

[230] Rohrecker, G. (2002): S. 170
[231] Steiner, G. (1993): S. 110 ff.

die Schnabelperchten mit Frauenkörper und stilisiertem Vogelkopf. Über die Zuschreibung von ‚Hellem', ‚Strahlendem' (s. *peraht*) beziehungsweise der Reinigung deuten diese Figuren auf einen gemeinsamen Ursprung.

Rauriser Schnabelperchten vorm Peterlhof 2013

Im Raurisertal, wo die Schnabelperchten umgehen, ist die vierfüßige, ziegenähnliche Habergeiß unüblich. Soweit die dortige Bevölkerung zurückdenken kann, wurde diese Erscheinung nur zitiert, wenn unfolgsame Kinder geschreckt werden sollten oder nächtliche, undefinierbare Laute vernommen wurden. Dafür ist die Habergeiß im Ober- und Mitterpinzgau eine verlässliche Begleiterin der Tresterer.[232] Ihr Gelächter soll sich anhören wie der Balzruf des Ziegenmelkers; aber auch Bekassine, Sumpfschnepfe oder Wachtelkönig können ihrem Lachen Pate gestanden haben.[233] Jemanden, der die Habergeiß beschimpft hat, kann sie sogar durch die Lüfte davontragen. Hast du einmal nach einem Fest eine

[232] Zerling, C. & Ch. Schweiger (2005): S. 37 ff.
[233] Graf, M. H. (2006): S. 199 ff.

recht unruhige Nacht erlebt, so wird es die Habergoaß gewesen sein, die dir in Vertretung der Drud im Schlaf die Luft abgedrückt hat. In Kirchseeon, Bayern, wünscht die Habergeiß heute noch, Geld in ihrem ledernen Kropf zu versenken, ansonsten sie die Schandtaten so manchen Bürgers offenbart.[234]

Häber ist der nordische Ausdruck für Ziegenbock und verwandt mit *Hippe* oder *Heppe*, der Ziege.[235] *Haber* dürfte auf das indogermanische *kapro*, (Ziegen-)Bock, zurückgehen; *caper* heißt der (Ziegen-) Bock lateinisch.[236] Eine Wortverwandtschaft besteht auch mit dem altenglischen *hæfer* und dem altisländischen *Hafr* – Ziegenbock. *Haberling* oder *Häberling* heißt der einjährige Ziegenbock in deutschen Mundarten; das Österreichische meint mit *Häberln* die Hoden, wovon auch der *Haberer* abgeleitet wird, heute ein männlicher Begleiter oder einfach nur ein bestimmter Kerl, noch im 19. Jahrhundert das Mitglied einer Burschenschaft.[237] *Hafra* heißt der Ziegenbock germanisch, was zum Hafer, dem ‚Bockskorn' gehören dürfte, da dieser ursprünglich nur als Viehfutter angebaut wurde.[238] Eine semantische Verbindung zwischen der Ziege und dem Getreidewort kann auch an der Ähnlichkeit des starren Bockshaares mit den rauen Rispenhaaren des Hafers liegen.[239] In diesem Zusammenhang sei erwähnt, dass das Verfüttern von Hafer die Tiere auffallend energiegeladen macht. Nicht umsonst verabreicht man Pferden gehörige Mengen davon, bevor sie zur Arbeit gehen. Hafer hilft bei Ziegen und Böcken, die Brunft auszulösen, regt Kitze zu vermehrten Bocksprüngen an und stärkt allgemein die Vitalität. Menschen, die zu viel Haferbrei gegessen haben, sind ‚vom Hafer gestochen'. In diese Richtung passt die Bezeichnung ‚Habergeiß' oder auch ‚Haberwolf' für die letzte Garbe Stroh, als man das Korn noch von Hand drosch. Man hat sie zusammengebunden zum Dank für den Kornbock,

---

[234] Weeber, E. (2010)
[235] Späth, H. & O. Thume (1997)
[236] Zitiert nach Weeber, E. (2010)
[237] Weeber, E. (2010): S. 211
[238] Pokorny, J. (2002)
[239] Graf, H. M. (2006): S. 33

der Seele der Pflanze, die man sich für die nächste Vegetationsperiode gewogen machen wollte.[240]

Nachdem das Getreide eingebracht war, verkleideten sich ein paar Burschen gern als Habergeiß, um die Erntefeier mit Schabernack aufzulockern. Manchmal wurde einer auch zur Strafe in eine Tier-(Bocks-)haut gehüllt und damit ‚ins Bockshorn' gejagt.[241] Bocks- und Ziegenfell (*Haberfell*) sowie Bockshörner stehen für alle denkbaren Aspekte von Fruchtbarkeit, Reichtum und Regeneration, wobei sich der Zusammenhang zwischen der Ziege und dem Hellen, Glänzenden[242] immer wieder zeigt. Unsere ‚Perchten' leiten sich vom germanischen *berhtaz*, glänzend, ab. Sie stellen neben menschlichen Figuren mannigfache, in Felle gehüllte Horntiere dar. Horn- und Geweihträger begegnen uns seit der Altsteinzeit in ganz Europa, aber auch im Orient und in Afrika. Sie galten offenbar immer schon als Statustiere, als „Zusammenballung aller männlichen Symbole":[243] es sind dies vor allem Bisons, Steinböcke und Hirsche, deren paarige Stirnwaffen zu phallischen Signalen werden. Nach oben gerichtete Hörner an weiblichen Figuren unterstreichen deren Macht oder die weibliche Kraft, wie bei Isisdarstellungen oder auf dem Halbrelief einer Sirene an der Fassade der Züricher Nationalbank.[244]

Der Wunsch, Hornträger nachzuahmen und sich deren sexuelle und Lebenskraft einzuverleiben, scheint unserer westlichen Gesellschaft noch immer anzuhaften. Außerhalb des Brauchtums wird eine besondere Form des Piercings angeboten. Implantate kommen vollständig unter die Haut, die danach zuwächst. Besonders beliebt sind paarige Höcker auf der Stirn an jenen Stellen, wo bei Ziegen die Hörner entspringen.

---

[240] Graf, H. M. (2006): S. 203 f.
[241] Graf, M. H. (2006): S. 207 ff.
[242] Vgl. ‚Wie wir Ziegen sehen'
[243] Sütterlin, Chr. (1994): S. 229 ff.
[244] Sütterlin, Chr. (2000): S. 251

Sündenbock und Teufel

> *Wenn ein Mythos einem Tier unter bestimmten Umständen ein gewisses Verhalten zuschreibt, handelt es sich da um eine empirische Beobachtung oder um eine unabhängige, aber begründete Vermutung, oder ergibt sich diese Zuschreibung aus einem inneren Zwang des Mythos?*[245]

> Und er soll hinausgehen zum Altar, der vor dem Herrn steht und ihn entsühnen und soll von dem Blut des Stieres und vom Blut des Bockes nehmen und es ringsum an die Hörner des Altars streichen und soll mit seinen Fingern vom Blut darauf sprengen siebenmal und ihn reinigen und heiligen von den Verunreinigungen der Kinder Israel. Und wenn er die Entsühnung des Heiligtums vollbracht hat, der Stiftshütte und des Altars, so soll er den lebendigen Bock herzubringen. Dann soll Aaron seine beiden Hände auf dessen Kopf legen und über ihm bekennen alle Missetat der Kinder Israel und alle ihre Übertretungen, mit denen sie sich versündigt haben, und soll sie dem Bock auf den Kopf legen und ihn durch einen Mann, der bereit steht, in die Wüste bringen lassen, dass also der Bock alle ihre Missetat auf sich nehme und in die Wildnis trage; und man lasse ihn in der Wüste. – 3. Buch Moses, 4. 18-22.[246]

Haben die bisher betrachteten Mythen die Geißen und Böcke als etwas erhaben Göttliches oder zumindest als Gehilfen einer Gottheit gesehen, so erfährt die männliche Ziege im Alten Testament eine andere Interpretation. Der Bock übernimmt die metaphysische Aufgabe, ein Volk von seinen empfundenen Sünden zu befreien. Er wird symbolisch damit beladen und dem bocksgestaltigen Wüstendämon Azazel, dem Geist der Verdammnis und Anführer einer Reihe weiterer Satyre und Felsendämonen[247] geopfert. Damit wird er selbst zum Tier des Bösen, den man am Vorabend des Versöhnungsfestes Jom Kippur ins einsame Verschmachten schickte. Sündopfer mit Ziegenböcken wurden aber auch zu anderen Gelegenheiten dargebracht. Zum Beispiel hat man Altäre, Tempel oder Wohnstätten mit ihnen eingeweiht oder sie zum Monats- oder Wochenfest geopfert.

Nächste Seite: Auch Böcke parfümieren sich

---

[245] Lévi-Strauss, C. (1996): S. 178

[246] nach der deutschen Übersetzung Martin Luthers, Württembergische Bibelanstalt Stuttgart, 1971

[247] Frey-Anthes, H. (2010)

Die Ziege als ‚Sündenbock' gibt es auch in Schwarzafrika im Zuge schamanischer Initiationsriten, sowie als Stellvertreterin bei Schadenszaubern. Sie kann diese Rollen deshalb einnehmen, weil sie dem Menschen als Haustier besonders nahe steht und eng mit den Familien zusammenlebt.[248] Russische Märchen kennen Bock und Ziege als Opfer für die von Menschen verübten Dummheiten oder Schurkenstreiche oder um den Narren zu erlösen.[249]

Die christliche Missionierung des Abendlandes übernahm das negative Omen des Sündenbocks und verknüpfte es mit Aspekten der heidnischen Götterbegleiter: den Zugtieren des alten Blitzgottes Donar-Thor sowie mit Pan-Satyr-Faunus, deren dionysische Sündhaftigkeit als das Böse schlechthin galt. Manche Quellen nennen Wodan (=Odin) als eigentliches Teufelsvorbild; auch für diesen sind Ziegenopfer bezeugt.[250] Der christliche Ausdruck ‚Teufel' kommt von *Deo-Wal*, Gott der Unterwelt.[251] Er wird als Mischwesen mit Fell, Bockshörnern und einem oder zwei gespaltenen Ziegenfüßen vorgestellt, hat aber nicht die Schellen des Krampus. Der sprichwörtliche satanische Gestank der Böcke zur Brunftzeit tat bestimmt das Seine, um dieses Bild zu untermauern.

Eine weitere Pervertierung des ursprünglichen Fruchtbarkeitsymboles ist der Aberglaube, höher stehende Hexen würden sich in der Walpurgisnacht nicht mit dem Besen als Phallus begnügen, sondern einen Ziegenbock, quasi den Leibhaftigen, zum Reittier erkören. Auch würden die Hexen am Hexensabbat einen Bock verbrennen und seine Asche unter sich teilen.[252] Ein inhaltlicher Zusammenhang mit Ziegen ergibt sich schon aus der Etymologie des Wortes ‚Hexe':

[248] De Rosny, E. (1999), vgl. ‚Wie wir Ziegen sehen'
[249] De Gubernatis, A. (1874): S. 324 f.
[250] Graf, M. H. (2006): S. 234
[251] Fuhrmann, E. (1922): S. 69
[252] De Gubernatis, A. (1874): S. 331

> *Hag*, verwandt mit gallisch *caium*, angelsächsisch *haga*, altnordisch *hagi*. Im Althochdeutschen mit lateinisch *indago* zusammengestellt, gleichzusetzen mit Einfriedung, abgeschlossenem Weideplatz. Durch die vom Zaun geschützte Einfriedung liegt eine Verbindung zwischen der Hexe und dem Zaun nahe. Altnordisch *tundra* = Zaunreiterin, *hagazussa* wird aus diesem Grund auch oft mit Zaunreiterin übersetzt. Diese Etymologie ist insofern interessant, da sie – besonders in Heidenkreisen – die Frage aufwirft, ob die Zaunreiterin vielleicht wirklich die letzte Mittlerin zwischen den beiden Seiten des Zaunes, der dies- und der jenseitigen Welt war.[253]

Kann den Hexen also eine Wesensverwandtschaft zum Zaun zugeschrieben werden, so sind Zäune für die Haltung von Ziegen jedenfalls in Siedlungsnähe dermaßen unentbehrlich, dass sich, wie oben berichtet, heute noch Ortsnamen darauf beziehen. Hexen hat erst die christliche Inquisition ab dem 13. Jahrhundert nach der Zeitenwende verteufelt, um die weisen Frauen, Hebammen, Heilerinnen Schamaninnen und Priesterinnen aus dem heidnischen Volkskörper Europas weg zu selektieren. Tatsächlich standen diese Personen im Dienst der Fruchtbarkeit, deren wichtiges Symboltier wiederum die Ziege war. Um sie herabzuwürdigen wurde aus der Zaunreiterin die Bockreiterin – wie auch schon Aphrodite als *epitragia*, aber unter gegenteiligen Vorzeichen. Im Mittelalter glaubte man auch, Tote könnten in Tiergestalt erscheinen oder dass Sünder nach ihrem Tod als Raben, Geißen oder Kettenhunde büßen müssten[254]. ‚Sünde' kommt von ‚sondern': Absondern vom Göttlichen. Genauso wie bei vielen Initiationsriten heidnischer Mysterien musste der Täufling des frühen Christentums am Vorabend des eigentlichen Festes Ziegenfelle mit den Füßen treten zum Zeichen seiner Abkehr vom Alten.[255] Erst die Glaubensvorstellungen christlicher Kirchen und die Gewalt deren Durchsetzung haben das, in die Urzeiten der Landwirtschaft zurück reichende, lebensbejahende Verhältnis zum Ziegenmythos unterminiert und in sein Gegenteil verkehrt.

---

[253] Neger, B. (2009): S. 20; vgl. ‚Signatur und Temperament': ‚Eine stete Zündflamme für alle Fälle'
[254] Dinzelbacher, P.(2000): S. 275
[255] Burkert, W. (1990): S. 86

Dass im Deutschen verschiedene Geräte als ‚Bock' bezeichnet werden – Sägebock, Schusterbock, Turnbock – soll auf die antike Mode zurückgehen, für Dreifüße und andere Haus- und Tempelmobilien als Beine echte Tierfüße verwendet zu haben[256].

Die Erfindung des Sündenbocks und dessen religionsgeschichtliche Folgen sollen aber nicht darüber hinwegtäuschen, dass die Ziege wohl bei allen Völkern Vorderasiens beziehungsweise des Orients seit je her einen sehr hohen Stellenwert innehatte. Von den Sumerern (ab dem 3. Jahrtausend v.u.Z.) bis in die Perserzeit weisen zahlreiche Abbildungen und Plastiken auf den Götterstatus der Ziege und ihre Symbolik für Fruchtbarkeit.[257] Gemeinsam mit Schlangen wurde ihnen Lebens- und Heilkraft zugeschrieben. Deshalb tauchten sie etwa in der Bronze- und Eisenzeit oft als Attribute von Göttinnen auf. Im Alten Testament steht der Ziegenbock für Macht und Stärke. In Ägypten hatte die Geiß sakrale Bedeutung zum Schutz und zur Verlängerung des Lebens.[258] Der Ziegenbock war das heilige Tier Chnums von Elefantine, der als einer der vier Urgötter und Gott der Katarakte wesentlichen Einfluss auf die Bodenfruchtbarkeit des Nillandes hatte.[259] Die Ziege gehört zu jenen Tieren, die in altägyptischen Tempelställen gehalten wurden und die dort wahrscheinlich totemistische Bedeutung hatten: im Verwaltungsgebiet von Theben enthielten sich alle Bewohner des Schaffleisches, opferten aber Ziegen; im Gebiet von Mendes hingegen aß man keine Ziegen, sondern opferte Schafe,[260] denn dort wurde eine ziegenbockgestaltige Gottheit verehrt. Auch unter den turkmenischen Totems befanden sich Ziegen.[261]

Insgesamt herrscht im Orient aber ein ambivalentes Verhältnis zur Ziege: sie gilt einerseits als Tier, das gebändigt werden muss, andererseits als fruchtbringende, göttliche Verkörpe-

[256] Steiner, C. J. (1891): S. 117
[257] Hančar, F. (1959)
[258] Stegmann, F. P. (1924): S. 310
[259] Hančar, F. (1959)
[260] Findeisen, H. (1956): S. 60
[261] Findeisen, H. (1956): S. 68

rung.[262] Der Ziegenbock wird einmal als gleichgültig gegenüber einem anderen Bock in seiner Herde beschrieben, ein andermal als so lüstern, dass er sogar vor Menschenfrauen nicht Halt mache. Nach Columella sei der Ziegenbock durch Missbrauch der Venus, der er zu früh gefrönt habe, schon von seinem sechsten Lebensjahr impotent. Deshalb sähe er dem untreuen Treiben seiner Ziegen gezwungenermaßen zu, die ihm damit ‚Hörner aufsetzen'. Schon die Griechen nannten eine unmoralische Frau *capra*.[263] Ältere Ziegenböcke mit fünf und mehr Jahren werden in der Tat deckfaul und die Befruchtungsfähigkeit ihres Spermas lässt nach.

Ziegen als Geld und Statussymbol

Am Beispiel der einstigen makedonischen Metropole Aigeai zeigt sich wieder, wie bedeutend Ziegen in der europäischen Geschichte waren.[264] Herakles soll die Tiere aus den Gärten der Hesperiden nach Hellas gebracht haben. Vermutlich gehörte die Hausziege auch im antiken Griechenland zu den ersten und gängigen Zahlungsmitteln, wie schon das Alte Testament an vielen Stellen von Ziege, Kitz oder Bock als Entgelt spricht.[265] Ziegen als Bußgeld bei sexuellen Straftaten sieht heute noch das traditionelle kongolesische Recht vor.[266] Ziegenmünzen als bloßen Ersatz für lebende Tiere etwa in einem der Natur zunehmend entfremdeten antik-städtischen Milieu zu verstehen, würde aus Sicht der Numismatik allerdings zu kurz greifen.[267]

Ziegen bildeten in der griechischen Antike die wahrscheinlich wichtigste Lebensgrundlage. Zum Beispiel war die Region Kilikien berühmt für ihre Ziegenhaarmäntel. Plinius beschreibt eine kilikische Langhaarziege, die man geschoren hat:[268] In römischer Zeit existierte in Kilikien eine ganze Industrie, die Ziegenhaarteppiche zur Abwehr von Geschüt-

---

262 Frey-Anthes, H. (2010)
263 De Gubernatis, A. (1874): S. 334 f.
264 Haymann, F. (2013)
265 Frey-Anthes, H. (2010)
266 Böhm, A. (2012)
267 F. Haymann, persönliche Mitteilung 2015
268 Plin. nat. 8,76 – zitiert nach Haymann, F. (2912): S. 250

zen und zur Abdeckung von Schiffen herstellte. *‚Aigeai'* bedeutet auf Koine-Griechisch *‚Ziegenfelle'*.[269] Die Stadt wurde um 330 – 310 v.Chr. gegründet und liegt heute im Südosten der Türkei an der Grenze zu Syrien. Fast jede alte Münze dieser Stadt weist als Motiv eine Ziege auf, vergleichbar einem Wappen.[270] Damit gilt die Ziege für Jahrhunderte als Repräsentantin dieser Metropole. Für den identitätsstiftenden Gründungsmythos bemüht man unter anderem ein Ziegenstrategem um Alexander den Großen: er soll die Schlacht gegen die Perser am Golf von Issos dadurch gewonnen haben, dass er einer großen Ziegenherde nächtens brennende Fackeln an die Hörner binden ließ. Daraufhin sollen die gegnerischen Truppen angesichts des vermeintlich übermächtigen Heeres demoralisiert davongesprungen sein. Die Vorstellung, dass Ziegen Feuer auf dem Kopf tragen,[271] ist an sich unrealistisch und diese Kriegslist wird auch historisch als fiktiv angesehen.[272] Doch sagt sie viel über das schon damals mitunter grausame Verhältnis der Menschen zu Tieren aus. – Immerhin war es bis zum ersten Weltkrieg Gang und Gäbe, Tierherden in der Kriegsführung zu verwenden, um die eigenen Truppen zu ersetzen oder zu schonen.[273] Und auch über die Rüstungsindustrie existieren heute noch Hinweise zu entsprechenden Versuchen mit Tieren.[274]

Bronzemünze unter Herennia Etruscilla, 250/1 n. Chr. Ziege linkshin in Zodiakos liegend, den Kopf zurückgewandt / (im Feld) ΑCΚΛΗΠΙ|ΟΥΠΟΛΕ(ως) | ΑΙΓΕΑΙω|Ν (=„[Münze] der Asklepiosstadt der Aigeaier"), Perlkreis. – aus Haymann (2013), Abb. 4, mit freundlicher Genehmigung des Autors

Die Idee, an den Ziegenhörnern Holz für Feuer festzumachen, findet sich auch in einem russischen Märchen: die Katze flicht Birkenrinde um die Hörner des Bockes und befiehlt dem Lamm, sich daran zu reiben, um Feuer zu entzünden. Als die Funken sprühen holt

---

269 Haymann, F. (2012): S. 217
270 Vgl. das Wappen der Salzburger Gemeinde Rauris in ‚Die zivilisierte Geiß': ‚Multifunktionalität: alte Tugenden neu entdeckt'
271 Vgl. ‚Signatur und Temperament'
272 S. Haymann, F. (2012): S. 21 ff.
273 Walbank, F. W. (1979)
274 Maag, V. (1983): S. 7

die Katze Heu; Lamm, Stier und sie selbst wärmen sich daran. Dann kommen die wilden Wölfe aus dem Wald; der Katze gelingt es aber, sie davonzujagen, indem sie den Bock als Vogelscheuche vorführt und von der ungeheuren Kraft schwärmt, die in seinem Bart stecken würde.[275]

Aigeira-Ziegen-Münze: LHS Numismatik AG, Auktion 96, 8.5.2006, Nr. 392

Bronzemünze unter Caracalla, 213/4 n. Chr. Die Ziege (im Lorbeerkranz) legt ihren Vorderlauf auf einen kleinen Altar.
Legende: ΑΝΤΩΝЄΙΝΟVΠΟΛ(ЄΩC) ΑΙΓ(ЄΙΑΩΝ) (= „[Münze] der Antoninusstadt der Aigeaier"). – aus Haymann (2013), Abb. 3

Kilikien Stater 450-400 v. Chr., Silber; Gewicht: 10,91 g; Durchmesser: 20,20 mm. Vs.: Ephebe mit Peitsche linkshin auf Pferd sprengend während er auf dem Rücken des Pferdes wendet, darunter Π Rs.: ΚΕΛΕ / Ziegenbock linkshin liegend, Kopf n. r. – aus www.ma-shops.de, Katalognummer: SNG Levante 19; SNG von Aulock 5623; SNG France 51, alle F. Haymann mit freundl. Genehmigung

Aigeai war vermutlich eine weitere Stadt im griechischen Kulturraum, die für sich den Ort der Zeusgeburt reklamierte; bekräftigten konnte sie dies, indem sie mit Ziegen-Münzen dezidiert auf Amalthea, Zeus' Amme, verwies. Schon um 200 zeugte die dort einsetzende Bronzeprägung von der wirtschaftlichen Aktivität von Aigeai als Hafenstadt. Bereits aus dieser Zeit ist eine Münze mit dem Kopf der Stadtpatronin Athene und einer stehenden Ziege als Repräsentantin der Stadt erhalten; beide Prägungen finden wir später noch oft

[275] De Gubernatis, A. (1874): S. 315

gemeinsam.[276] Die legendäre Verbindung zu Alexander dem Großen kam erst über ein Jahrhundert später, hat aber sicher dazu beigetragen, dass die Stadt ihr Selbstwertgefühl gestärkt und sich zugleich militärstrategisch bedeutender gefühlt hat.

Ebenfalls unter dem Schutz einer ‚heiligen' Ziege, der Artemis Agrotera, stand Aigeira in der heutigen Provinz Achaia nahe der Küste des Korinthischen Golfs. Diese Stadt baut auf einer ähnlichen Legende: Man konnte einen Angriff aus Sikyon nur abwehren, indem man an den Hörnern von Ziegen Hölzer befestigte, diese in Brand setzte und die Eindringlinge mit den brennenden Tieren bewarf. Die Münzen aus dieser Gegend sind jedenfalls älter als die Sage. Möglicherweise hat die dortige Stadtregierung versucht, durch diese Erzählung mit berühmten Metropolen gleichzuziehen.

Die Verehrung der Ziege als heiliges Tier wurde auch in Zusammenhang mit dem Asklepioskult auf Münzen geprägt, da diesen Heilgott ähnlich wie Zeus ebenfalls eine Ziege gesäugt haben soll.[277] Die Verbindung zur Ziege Amalthea und zu Asklepios dürfte auch für die anderen Ziegenstädte mit ‚A-I' gegolten haben: Aigon in Achaia, Aigina, Aigeira in Korinthia, auch für das kykladische Aigiale und das äolische Aigai.[278]

Ziegen waren in der griechischen Antike so sehr Statussymbol für Wohlstand und Macht,[279] dass der Ziegenkopf zum Feldzeichen des altgriechischen Fürsten von Epirus wurde:[280] Ihre Hörner zierten die makedonische Königskrone – in Gold, versteht sich. Kein Geringerer als Alexander der Große trug so eine Hörnerkrone als Symbol seiner Weltmacht, weshalb er auch im Koran als ‚der mit den beiden Hörnern' bezeichnet wurde. Eine späte Nachbildung dieser Krone Alexanders des Großen stellt der Prunkhelm des Skanderbeg dar, der heute in der Hofjagd- und Rüstkammer des Kunsthistorischen Museums in Wien ruht. Er trägt das Sinnbild jener antiken Herrscher, deren alte Hauptstadt

[276] Haymann, F. (2012): S. 30; 154 ff.
[277] Haymann, F. (2012): S. 162
[278] Haymann, F. (2012): S. 244 f.
[279] Fischer-Bossert, W. (2007)
[280] Pfaffenbichler, M. (2008)

Aigai, ‚Ziegen', hieß.[281] Mit ihm sollte Gjergj Kastrioti (1405 ? – 1468), der sich Skanderbeg, also ‚Herr Alexander' nannte, durch Unterstützung von Papst Pius II als ‚wahrer neuer Alexander' zum König der Epiroten und eines katholischen Reiches Albanien gekrönt werden, wozu es aber nie kam. Auch hatte der Albanische Nationalheld diesen Helm vermutlich selbst nie gesehen; wohl aber könnte der Ziegenkopf tatsächlich Skanderbeg gehört haben.[282] Erzherzog Ferdinand II von Tirol (1529 – 1595) hatte das aus verschiedenen Teilen zusammengesetzte Stück in Italien erworben, um eine Reliquie von Skanderbeg vorweisen zu können und sich damit in Beziehung zum einstigen Sensationssieger über die Osmanen und der Erinnerungskultur zu setzen, die sich nach dessen Tod sofort mythenartig um ihn gebildet hatte; denn Ferdinand II fühlte sich nach einem Türkenfeldzug 1556 in Ungarn ebenfalls als Held im Kampf gegen die Türken.

Soweit man heute weiß, entstammt dieser Helm des Skanderbeg einer lombardischen Werkstatt. Er wurde aus getriebenem, graviertem und vergoldetem Kupferblech hergestellt. Der detailgenau gefertigte Ziegenkopf zeigt zweifelsfrei die Proportionen eines weiblichen Tieres. Dem widersprechen auch nicht die mächtigen Hörner, die bei einer Altgeiß von fünf und mehr Jahren ebenso ausgebildet sein können. – Dass dieser Kopf einen ähnlich feminin entwickelten Kastraten meint, kann aus dem Zusammenhang, in dem er steht, wohl ausgeschlossen werden.

Vielleicht fragt sich jemand, ob eine männliche Ziege, ein Ziegenbock mit seinem noch imposanteren Gehörn nicht besser zu maskuliner Kampfeskraft und Heldentum gepasst hätte. Wenn schon der kulturelle Hintergrund Alexanders des Großen der göttlichen Ziegenamme Amalthea verpflichtet gewesen war, so hätte doch im Lauf der mehr als 14 Jahrhunderte bis zu Skanderbeg eine Umdeutung hin zum Maskulinen stattfinden können wie in anderen Bereichen auch. Solchem Frager würde man antworten, dass das politische Programm um den ‚neuen Alexander' dezidiert auf die ungebrochene Tradition des alten

[281] Schmitt, O. J. (2009)
[282] Pfaffenbichler, M. (2008)

Epiroten verweisen können musste, dessen wesentliches Bezugssymbol eben die Ziege war; darüber hinaus war die Rolle des Ziegenbocks im christianisierten Europa des 15. Jahrhunderts schon besetzt, nämlich satanisch (s.o.); ein für Helden der christlichen Missionierung und ihren Kreuzzügen undenkbares Attribut.

Märchenziege

Du meckerst den ganzen Tag, schalt die Lerche die Ziege.
Und du, bemerkte die Ziege, kannst nichts anderes als jubilieren.[283]

Ziegen können in Märchen einfach nur als Haustiere genannt sein neben anderen. Meist treten sie aber dort wie auch in Sagen und Legenden[284] in vielerlei Rollen auf. Sie haben darin Eigenschaften wie Klugheit oder dem geraden Gegenteil, sowie Boshaftigkeit, Fruchtbarkeit oder Wohlstand bringend. Beispiele sind: *Der Löwe und die Ziege*[285] oder *Die Ziege mit den goldenen Hörnern.*[286]

In Wales wurde Ziegen noch gegen Ende des 19. Jahrhunderts besondere Achtung entgegen gebracht; man schrieb ihnen geheime spirituelle Kräfte zu und zieh sie der Verbindung mit dem Elfen- und Koboldsvolk *Tylwyth Teg*, da sie mehr zu wissen schienen als sie zeigten.[287]

Nächste Seite: Prunkhelm – Georg Kastriota, genannt Skanderbeg um 1460

[283] Helmut Arntzen nach Schenda, R. (1995): S. 412
[284] Vgl. Schöffl-Poll, E. (2015)
[285] Anand, M. R. (1958): S. 57 ff.
[286] Grün-Göttert, L. (1958)
[287] Sikes, W. (1880)

Die Ziege ist nahe daran, Junge zu werfen unter einem Apfelbaum. (…Apfelbaum, dessen Früchte dem, der sie genießt, Hörner wachsen lassen. Es ist bekannt, dass im Griechischen *μηλου* Ziege und Apfel bedeutet, wie dem indischen Masculinum *petvas*, Widder, im Neutrum *petvam,* Ambrosia, entspricht. Der mythische Apfelbaum ist ambrosisch, gleich dem Füllhorn der Ziege der Mythologie; und ich glaube auch hier auf slavischem Gebiete selbst eine Analogie zwischen den russischen Wörtern *óblaka*, Wolke, Plur. *ablanká*, die Wolken, und *iablony*, Apfelbaum, Plur. *jáblogna*, die Apfelbäume, *jablok*, der Apfel, finden zu dürfen.)
Ein anderes Märchen leistet uns noch mehr Hilfe für die Deutung des Mythos; es führt uns nämlich darauf, in der Ziege und ihren Jungen die gehörnte oder mit Strahlen versehene Sonne zu sehen, wie sie glänzend aus der Wolke oder dem Dunkel oder dem Ozean der Nacht hervortritt, und in dem Wolf oder dem Wolfsfell, das aufplatzt resp. verbrennt und aus dem die Zicklein herauskommen, den dunklen, wolkigen, feuchten Nachthimmel. Statt des Wolfes haben wir eine Hexe, statt der Ziege eine Frau und statt der Zicklein den jungen Vaniushka (Hänschen); die Hexe hat eine vom Grobschmied gefertigte Stimme […]

Das Ungeheuer Wolf oder Hexe, welches die Fähigkeit besitzt, die Stimme der Ziege nachzuahmen und eine besondere Vorliebe für Schafe und Ziegen hegt – und zwar eine so große, dass die Hexe Liho (eigentlich ‚Übe'l) einige in ihrem Haus hält und diejenigen, welche am Morgen herauskommen (aus dem dunklen Himmel) und welche am Abend zurückkehren (in den dunklen Himmel) als ihr besonderes Eigentum betrachtet werden – verwandelt oft den Helden (die Abendsonne) in ein Böckchen (in die Finsternis oder Wolke der Nacht). Natürlich; da das dunkle und wolkige Ungeheuer oft als ein Wolf dargestellt wird, so ist leicht zu verstehen, dass es wünscht, Alles möge in ein Lamm oder ein Zicklein verwandelt werden, um dasselbe verzehren zu können. Doch das mythische Lamm oder Zicklein, der junge Sonnenheld, entrinnt gewöhnlich den Klauen des Wolfes, den Händen der Hexe oder der Dunkelheit, den Wassern oder der Wolke der Nacht.

Indogermanische Märchen und Mythen setzen die Ziege beziehungsweise den Bock gerne in Verbindung mit Hellem oder Glänzendem, wie auch unsere Frau Percht (s. althochdeutsch *perabt*) in Ziegengestalt auftreten kann (s.o.). Das Fell einer gesunden Ziege glänzt nach dem Haarwechsel im Sommer tatsächlich wie ein frisch gestriegeltes Pferd.

Am Ziegenhimmel

Wenn die Jungfrau Aurora am Morgen ihre glänzende Herde aus dem Stall führt, so finden sich unter denselben weiße Böckchen und glänzende Schafe; am Abend führt dieselbe Aurora die Lämmer, Böckchen und Schafe zur Hürde zurück. Bei der Morgendämmerung ist diese ganze Herde weiß, nach und nach werden ihre Fließe golden: der weiße, dann der goldene Himmel des Ostens (resp. des Westens) bildet diese weiße und goldene Herde; die Sonnenstrahlen sind die Fließe. Darum ist die Sonne, welche vor dieser Herde herschreitet, selbst bald ihr junger Schäfer-König und bald das Lamm, der Widder oder Bock. Wenn die Sonne in das Reich der Nacht eintritt, geht der Bock oder das Lamm zur Hürde zurück und wird dunkelfarbig; die von der Nacht oder der Wolke verschleierte Sonne ist ein dunkelfarbiger Widder, Bock oder Ziege.

In der Nacht, sagt das Sprichwort, sind alle Kühe schwarz; dasselbe lässt sich von den Ziegen sagen, ausgenommen den Fall, dass die Ziege glänzend und allsehend aus dem nächtlichen Dunkel in der Gestalt des Mondes hervortritt. Wir müssen also das Schaf oder die Ziege unter einem dreifachen Gesichtspunkt betrachten: am wichtigsten und interessantesten ist die Erscheinung der Sonne, welche von der Dunkelheit oder der Wolke verschleiert wird; die Wolke hat dabei oft eine dämonische Gestalt, wie die des Esels oder des Helden in der Hölle; zweitens ist auszugehen von dem weißgrauen, später goldenen Morgenhimmel resp. dem goldenen und dann erst weißgrauen Abendhimmel, welcher, als glänzend, deshalb gewöhnlich eine göttliche Erscheinungsform des Bockes ist; an dritter Stelle kommt der Mond in Betracht.

Die reichsten Mythen beziehen sich auf die in der Wolke oder den Schatten der Nacht eingeschlossene Sonne, resp. auf die Wolke oder Finsternis der Nacht, welche sich um die Sonne legt. Die bewegliche Dunkelheit und die ziehende Wolke auf der einen, die feuchte Nacht und die Regenwolke auf der anderen Seite kamen leicht dazu, als ein Bock oder Widder dargestellt zu werden. Im Indischen und sogar schon in der Sprache der Veden, bedeutet *aǵa*, das eigentlich so viel wie: stoßend, ziehend, bewegend (agens) ist, dann auch Bock; der Ziegenbock stößt mit den Hörnern; die Sonne in der Wolke stößt mit ihren Strahlen, bis sie den Stall öffnet und ihre Hörner herauskommen.[303]

Nächste Seite: Nein, keine Hermelinschwänzchen, sondern Glankeln, Glöckchen oder Mengei zieren als domestikationsbedingte Hautausstülpungen hier den Hals einer Pfauenziege

[303] De Gubernatis, A. (1874): S. 312 f.

> Nach alten tibetischen Vorstellungen zeigt sich der Berg Chökyong Gowa Surra Rachen am Morgen mit den Hörnern einer Ziege.[304]

In einem russischen Märchen ist ein Bauer an einer Erbsenpflanze in den Himmel geklettert; vor dem Zimmer, in dem Gänse, Schweine und Pasteten gekocht werden, hält ein Ziegenbock Wache; der Bauer bringt die sechs sichtbaren Augen des Bockes zum Schlafen; dann macht er sich über die köstlichen Speisen her; der Bock aber verrät ihn an seinen Herrn, weil er alles mit dem siebten Auge auf dem Rück gesehen hat, das der Bauer nicht entdeckt hat. In einer anderen Variante dieses Märchens findet der Mann vor einem Haus im Himmel zwölf Ziegen mit je einem bis zu zwölf Augen; er bringt alle zum Schlafen bis auf das letzte Auge der zwölften, weil er sich bei ihr verzählt hat:

> Dieses spähende Ziegenauge hängt vielleicht zusammen mit dem Sternbild der Ziege und der beiden Böckchen. Columella schreibt, dass die Böckchen im Himmel erscheinen gegen Ende September, wenn der West-, zuweilen der Südwind weht und Regen bringt. Nach Servius ist die Ziege, die sich mit den beiden Zicklein in dem Sternbild des Wassermanns befindet, dieselbe Ziege, welche die Amme des Zeus war; er sagt, dass sie im Oktober mit dem Zeichen des Skorpion erscheint. Ovid in der Ars amandi und dem ersten Buch der Tristia wie Virgil im neunten Buch der Aeneis feiern ebenfalls die Ziege und die Zicklein des Himmels als Regenbringer. Horaz nennt in der siebenten Ode des dritten Buches das Ziegengestirn sinnlos, rasend.[305]

Besonders markante Tiere sind oft am Sternenhimmel oder in der Atmosphäre gesehen worden. Mit Gestirnen können Ziegen aber auch anders verbunden sein. Zwei Vorstellungen dazu haben wir schon mit Amalthea und Heidrun kennengelernt. De Gubernatis fasst sie folgendermaßen zusammen:

> Die Nymphe Galathea (die milchige), die einen Faun (oder einen Bocksfüßigen) liebt, scheint eine griechische Gestaltung des Liebesverhältnisses Esmeraldas und der Ziege mit Quasimodo zu sein. Die Ziege liebt den, welcher Bocksfüße hat; der Sonnenheld (resp. Heldin) in der Nacht hat Bocksfüße; er ist ein Satyr, ein Faun,

[304] Diemberger, H. (2002): S. 109
[305] De Gubernatis, A. (1874): S. 327 f.

> ein Bock, ein Esel; er ist missgestalt und dumm, doch er interessiert die gute Fee, welche in Gestalt einer Ziege (als Mond und die Milchstraße) ihn in der Nacht leitet und, wie die Dämmerung (die weiße Aurora) am Morgen, ihn rettet und glücklich macht.
> In der deutschen Sage wird der armen Prinzessin, welche mit ihrem Sohne im Walde verfolgt wird, bald von einer Ziege, bald von einer Hirschkuh beigestanden, welche dem Kinde Milch gibt; durch dieses Tier, welches als Führer dient, findet der Prinz seine verlorene Braut wieder. Diese wegzeigende Ziege oder Hirschkuh, die Amme des Heldenkindes, welche Servius in dem Sternbild der Ziege wiedererkannte (mit Beziehung auf Zeus, der wesentlich regnerisch ist, wie der vedische Indra selbst die Wolken zu Ammen hatte), muss gemeiniglich den Mond dargestellt haben. Doch gerade die Milchstraße des Himmels (die Seelenbrücke) ist die Milch, die aus der Ziege des Himmels fließt; der weiße Morgenhimmel ist ebenfalls die Milch dieser selben Ziege. Der gehörnte Mond, die Milchstraße und die weiße Dämmerung werden in Gestalt einer wohltätigen Ziege dargestellt, welche dem Helden und der Heldin im Walde, in der Dunkelheit beisteht; während dagegen die in der Wolke, der Dunkelheit oder dem nächtlichen Sternenhimmel eingeschlossene Sonne (mit den insana caprae sidera) bald ein guter und weiser Ziegenbock oder Widder ist, […] bald ein bösartiges Ungeheuer, ein dämonisches Wesen. Sofern die Ziege Licht und Milch spendet, ist sie göttlich; sofern sie die Schönheit des jungen Helden rsp. Heldin verdeckt und ihnen feindlich gegenübersteht, kann sie als dämonisch betrachtet werden.[306]

Ein estnisches Märchen erzählt von einem Schlangenkönig, der Goldschüsseln mit Himmelsziegenmilch hat. Derjenige, dem es gelingt, ein Brot in diese Milch zu tunken und davon zu essen, kann alles Geheime erkennen, das unter der Decke der Nacht geschieht, ohne dass es jemand anderer erfährt.[307]

> Der Zusammenhang zwischen Ziege und Milchstraße lässt sich auch aus dem Namen St. Jacobs Straße beweisen, den das gemeine Volk der galaxia oder galathea oder Milchstraße gibt; und es ist interessant, dass es, wie Baron Reinsberg berichtet, in mehreren Gegenden Böhmens Sitte ist, am Jacobstage einen Ziegenbock aus dem Fenster zu werfen und sein Blut aufzubewahren, weil dasselbe ein wirksamer Schutz gegen verschiedene Krankheiten, z. B. Blutspucken, sein soll. In den *Lezioni*

[306] De Gubernatis, A. (1875): S. 329 f.
[307] De Gubernatis, A. (1875): S. 331

> *di Materia Medica* von Professor Targioni-Tozzetti lesen wir ferner, dass das Blut des Ziegenbocks unter keinem geringeren Namen als *manus Dei* bekannt war und für besonders wirksam gegen Rückenquetschungen, Seitenstechen und den Stein gehalten wurde. [...] Wenn sich die himmlische Ziege in Regen oder Tau auflöst, wenn Feuchtigkeit aus der Ziegen-Wolke, der Berg-Wolke, der Stein-Wolke kommt, so sind diese Feuchtigkeiten heilbringend. Wenn St. Jacob, der mit der Ziege und dem Regen verbunden ist, seinen Stiefel ausschüttet, wie die Leute im Piemontesischen sagen, so wird der Nebel, welcher an solchen Tagen fällt, von den Bauern als wahrer Segen betrachtet, was er auch wirklich für das Land und speziell für die Weinberge ist.[308]

Nicht von Himmelsziegen, sondern einer ganz realen handelte der Brauch im nordspanischen Manganeses de la Polvorosa, jedes Jahr im Juni zu Ehren des heiligen Vinzenz eine lebende Ziege vom Kirchturm zu werfen. Unten sollte sie mit einem Leintuch unverletzt aufgefangen werden, um eine Legende fortleben zu lassen: nach der menschenfreundlicheren Version soll einst ein Priester seine Ziegenmilch einer armen Familie gespendet haben und als seine Ziege darauf von Glockenturm fiel, wurde sie wie durch ein Wunder von diesen Leuten unverletzt geborgen. Nach 2002 verwendet man aus Tierschutzgründen für diesen Brauch aber eine Plüschziege.[309]

Bei uns sind Ziegen heute aus der Atmosphäre ganz verschwunden; lediglich Schäfchen dürfen noch für Cumulus-Wolkenformationen herhalten. Unter den Tierkreiszeichen ist eine Ziege aber nach wie vor präsent, nämlich im Steinbock. Im Sternzeichen des Steinbocks Geborene gelten wie die Ziege als genügsam und ausdauernd, hoch hinaus wollend und dennoch erdverbunden, aber auch als unflexibel. Wie viele Aspekte unserer heutigen, westlichen Astrologie lässt sich auch dieses Sternbild auf antike Mythen zurückführen.[310] Vermutlich ist es eines der ältesten. Es markiert den tiefsten Punkt der Sonne zur Wintersonnenwende. Bereits babylonische Abbildungen zeigen einen Ziegenfisch, einen Ziegenkörper mit Fischschwanz. Eine Deutung erklärt das Sternzeichen ‚Ziegenfisch' als Zeiger

[308] De Gubernatis, A. (1875): S. 329 f.
[309] www.marbella-guide.com/goat-throwing-in-spain/
[310] Blume, D. (2004)

für die Fangzeit des Ziegenfisches *Parupeneus forskalii* aus dem Roten und Arabischen Meer. Eine andere beruft sich auf die Stelle in der griechischen Mythologie, wo Pan auf der Flucht vor dem Ungeheuer Typhon versuchte, in Fischgestalt durchs Wasser zu entkommen; die Verwandlung gelang aber nicht vollständig, sodass Pan an Land zurückkehren musste. Dort traf er Zeus an, den das Ungetüm inzwischen verletzt hatte, und konnte ihn heilen. Zum Dank versetzte Zeus ihn in Gestalt der Ziege mit Fischschwanz an den Sternenhimmel.

Pausanias, ein griechischer Schriftsteller des zweiten nachchristlichen Jahrhunderts, berichtet über Phlious in der Argolis, im Osten des Peloponnes:[311]

> Auf dem Marktplatz steht eine bronzene Ziege, größtenteils vergoldet; sie hat bei der Phliasiern aus folgendem Grunde Ehre empfangen. Das Sternbild, das sie Ziege nennen, schadet bei seinem Aufgang fortgesetzt den Reben. Damit es ihnen keinen Schaden zufüge, erweisen sie der ehernen Ziege auf der Agora unter anderem auch die Ehre, dass sie sie mit Gold ausgeschmückt haben.

Hier sollten also negative Einflüsse einer kosmischen Konstellation gebannt werden. Der reale Hintergrund dieser verehrenden Beschwörung könnte sein, dass ein zu früher Rebschnitt im Dezember / Jänner, also im Sternzeichen des Steinbocks, die Stöcke während der feuchtesten Witterung zu lange mit offenen Wunden stehen ließe, wodurch sich Feuerschwamm und andere Infektionen leichter einnisten könnten, oder dass Nässe und Unwetter während des mediterranen Winters den Weingärten überhaupt zusetzen können.

Das chinesische Horoskop, das sich nicht wie unseres an der Sonne, sondern am Mond orientiert, kennt ebenfalls eine Ziege. Ihre Eigenschaften mischen sich mit jenen des Schafes, sodass wir immer beide Wesenszüge gemeinsam denken müssen.[312] Das Zeichen Ziege / Schaf ist das femininste unter den chinesischen Tierkreiszeichen und beschreibt

---

[311] Paus. II 13,6 – zitiert nach Dr. Florian Haymann, Dresden, persönliche Mitteilung
[312] Mag. art. Johann Schindlauer, mündl. Mitteilung

rechtschaffene, aufrichtige, sanftmütige, introvertierte, kreative, aber auch leicht zu beeindruckende Charaktere; es wird mit unserem Krebszeichen verglichen.[313]

Nach der Theorie des ‚wissenden Feldes'[314] sind alle persönlichen, aber auch kulturellen Erfahrungen und Weltbilder der Menschheit in einem geistigen, nichtmateriellen Informationsfeld gespeichert und individuell abrufbar. Dies würde nicht nur erklären, wieso sich Inhalte von Mythen über Jahrtausende erhalten und in verschiedenen Kulturen hervorbrechen können; vielleicht liegt darin auch die Tatsache begründet, dass die Realisierung dieses Buches just in ein Jahr der Ziege, nämlich 2015, gefallen ist.

Französische Briefmarkenserie mit zwölf Ziegenrassen, herausgekommen im Jahr der Ziege 2015

[313] Lau, T. (2012): S. 183 ff.
[314] Vgl. Shaldrake, R. (2003) und ‚Ziegenflüstern'

8

Wie wir Ziegen sehen

> *Der Mensch formt sich sein Weltbild unter gewissen geistigen Zwängen, und die Art seines Weltbildes bestimmt sehr weitgehend die Art und Weise, in der die Welt auf ihn einwirkt.*[315]

So verschieden wie die Menschen sind auch die Motive derer, die sich entschließen, Ziegen zu züchten. In Gunstlagen stellen heute etliche Landwirte ihren Betrieb auf Ziegenmilch- oder Ziegenfleischproduktion mit oder ohne Selbstvermarktung um. Vor allem in den gebirgigen Bundesländern gibt es immer noch Bergbauernhöfe, die seit jeher zum Milchvieh auch Geißen halten und die jeweils nächste Generation mitunter recht innovativ dazu anstiften: der Pongauer Landwirt und Ziegenzüchter Hermann Esterbauer berichtet, als Kind habe er gleichzeitig mit seinem Großvater die Zähne verloren. Der Opa erbat sich von ihm sechs Milchzähne als Ersatz für die eigenen und versprach dafür eine Ziege. Als der Bub diese Anzahl beisammen hatte, bekam er die Geiß, die sogar trächtig war und ihm alsbald Nachzucht schenkte. An diesem Tag begann sein Züchterleben.[316]

> Die Tiere kamen aus dem Land hinter dem Horizont. Sie gehörten *dorthin* und auch *hierher*. Sie waren ebenso sterblich wie unsterblich. [...] Dies – vielleicht der erste existenzielle Dualismus - spiegelte sich im Umgang mit den Tieren. Sie wurden unterworfen *und* verehrt, gezüchtet *und* geopfert. Heute finden sich noch Rudimente dieses Dualismus bei denen, die in enger Vertrautheit mit Tieren leben und von ihnen abhängig sind. Ein Bauer hat sein Schwein gern und freut sich doch, dessen Fleisch einzupökeln. Bezeichnend dafür ist, und für den Fremden aus der Stadt so schwer zu verstehen, dass die beiden Aussagen durch ein *und* verbunden sind und nicht durch ein *aber*.[317]

Heute streben viele landwirtschaftsfremde Personen nach Möglichkeiten, sich neben ihren urbanen Berufen mit Milch, Fleisch und Gemüse aus einem eigenen Bauernhof zu versor-

---

[315] Lévi-Strauss, C. (1996): S. 166

[316] persönliche Mitteilung

[317] Berger, J. (2003): S. 15 f.

gen. Oft traut man sich dann eher kleine Wiederkäuer zu, als Großvieh. Daneben wächst die Anzahl der gänzlichen Aussteiger aus städtischen Bereichen, die mit einer unüblichen Tierart auf dem Land ihr Heil suchen.

Wer sich für eine bäuerliche Ziegenhaltung entschieden hat, schätzt diese Tierart meiner Umfrage zufolge unter anderem deshalb, weil sie

- freiheitsliebend und selbständig ist,
- neugierig auf den Menschen zugeht,
- eigensinnig ist,
- wach und selbstbewusst auftritt,
- munter und aufmerksam ist,
- sich agiler bewegt als ein Schaf,
- schön ist,
- sich gerne anschmiegt und kuschelt,
- fast so intelligent ist wie ein Hund,
- die Befindlichkeit ihres Halters spiegelt,
- ein breites Nahrungsangebot nützt.

Am wenigsten mögen diese Züchter an Ziegen

- den Bockgestank,
- die Neigung, auszudringen und Kulturpflanzen zu verbeißen,
- dass sie Fehler des Halters aufzeigen,
- dass sie eigensinnig und nachtragend sind,
- ihre Sturheit,
- dass sie nicht wie ein Hund folgen, wenn man etwas Bestimmtes von ihnen will,
- sondern, dass sie buchstäblich das Gegenteil von dem tun, was sie sollen.

Dass der Halter dieselben Eigenschaften seiner Tiere einmal begrüßt, unter anderen Umständen aber ablehnt, kann deutlicher kaum bestätigen: Ziegen polarisieren!

Für die Wahl einer bestimmten Ziegenrasse können verschiedene Gründe ausschlaggebend sein. Einer davon ist die Tradition: viele Züchter geben an, ihre Rasse deshalb zu mögen, weil diese schon im eigenen Landwirtschaftsbetrieb von Vater oder Großvater gehalten wurde, oder weil sie den Betreffenden noch aus ihrer Kindheit bekannt ist, sie aber erst später in der Lage waren, selbst Ziegen zu züchten. Viele wählen diejenige Ziegenrasse, die ein Nachbar oder Freund bereits hat – oder das gerade Gegenteil: sie wollen sich mit einer außergewöhnlichen Rasse abheben.

Mitunter begründet auch eine Liebe auf den ersten Blick die Entscheidung für eine bestimmte Zucht. Je auffallender das Erscheinungsbild der Tiere ist – und das trifft ganz besonders auf Farbrassen zu – umso größer ist der Zulauf derer, die vom Nimbus des Besonderen etwas für sich selbst reklamieren. Treibt die starke Nachfrage dann auch noch die Kauf- beziehungsweise Verkaufspreise in die Höhe, so zieht das immer mehr Interessenten magisch an; jeder hofft glückspielartig selbst auf mächtigen Gewinn. Das Extravagante wird zum Massenphänomen, auch in der Ziegenzucht.

Auf die Ziege gekommen

Noch nie gab es so viele Kurz- und Kürzestgeschichten. In Zeitungen und auf Plakaten, im Fernsehen und im Internet erzählt uns ununterbrochen irgendeine Werbung von einem Lebensstil, den wir gerne hätten, besser noch: haben sollten – um des Wachstums der Wirtschaft willen. Diese Einschaltungen sind das Ergebnis psychologisch ausgetüftelter Strategien und die Szenen, in denen bestimmte Tierarten auftauchen, dokumentieren das herrschende Tierverständnis. Gleichzeitig beeinflusst und verbreitet Produktreklame unsere Sicht auf die Welt. Sie aktiviert Gefühle und bindet einen bestimmten Artikel daran. Mit Tieren geht dieses Kalkül fast immer auf. Kaum etwas kann uns emotional so stark ansprechen wie ein Tier. In den richtigen Zusammenhang gesetzt, kann uns das Tier Sympathie für ein Objekt suggerieren, das wir sonst vielleicht gar nicht beachtet hätten.

Ziegen werden inzwischen auch von Städtern als eigenständige Nutztierart wahrgenommen; man setzt sie heute nicht mehr reflexartig mit Schafen gleich. Aber nicht nur das: sie kommen mittlerweile in Bild und Wort so häufig vor, dass man geradezu von einem Ziegen-Hype sprechen kann. Kaum eine Wirtschaftsbranche, die keinen Zusammenhang mit Ziegen herstellen könnte. Ziegen bieten sich an, um zu beschwören, dass es irgendwo nichts zu meckern gibt. Das beeindruckt auf der Kinoleinwand besonders.[318] Auch der Spielfilm ist bereits auf die Ziege gekommen, wenn es gilt, die Rolle eines vertrauten und doch geheimnisvoll unergründlichen Wesens zu besetzen. So geschehen 2011 in dem Film ‚Vier Leben' von Regisseur Michelangelo Frammartino:

> In Kalabrien ist die Natur nicht hierarchisch; alle Lebewesen haben eine Seele. Man sieht es, wenn man in die Augen eines Tieres blickt. Man spürt es beim Rauschen einer großen Tanne im Wind. Man hört es, wenn die Holzkohle singt, als hätte sie eine eigene Stimme.[319]

Geißen und Kitze erscheinen längst nicht mehr nur als Spender gesunder Lebensmittel. Sie stehen immer öfter in Verbindung mit Freizeit, Wohlbefinden und gutem Leben. Zugleich haftet ihnen aber auch der Ruch der Eigenwilligkeit an und eines Wesens, das sich im Letzten nicht vereinnahmen lässt; es zieht Interesse auf sich und hält zugleich auf Distanz. Die Ziege ist bereits so etwas wie ein Statussymbol für den Ausstieg aus der Großstadt und die Rückkehr in ein scheinbar ungezwungenes, qualitativ hochwertiges Leben mit der Natur, ein Wappentier des Ökolandbaus. Im Schweizer Jungbauernkalender posiert ‚Mann' halbnackt mit Kitz, ‚um das konservative und biedere Bild des Landwirts aufzuwerten',[320] und Reportagen über Ziegenbetriebe aus nah und fern verlocken zu Genuss und Nachahmung: ‚Richtig großer Käse' verrät Geheimnisse aus der Produktion des Lungauer Ziegenbauern und Selbstvermarkters Gunther Naynar;[321] ebenso empfehlen

---

[318] z. B. zur Bewerbung von www.weekend.at ab Mai 2015
[319] www.vier-leben-derfilm.de
[320] Kronenzeitung 25.5.2010
[321] Desrues, G.: RONDO 20.7.2012

‚Abschalten statt ausbrennen'[322] und ‚Statt Landflucht [...] die Flucht aufs Land',[323] lieber Ziegenkäse herzustellen, als Managerkrankheiten zu entwickeln. In diesem Sinn hat die Münchnerin Elisabeth Span ihre Leitungsfunktion der Rechtsabteilung einer der größten Autovertretungen gegen die Leitung ihrer 180 Ziegen im Stubaital getauscht, um aus der Milch sogar Schnaps zu brennen.[324] Auch Schriftstellerinnen steht die Ziege im ländlichen Refugium gut an, weiß zum Beispiel die ‚Frau mit Ziege Anna Katharina Fröhlich'[325] und Geißen umrahmen das Frohnleitener Designer-Bauernhaus ihrer Halter standesgemäß.[326]

Bauernhaus in Frohnleiten, Steiermark: © Peter Eder, Architektur: Weichlbauer / Ortis – mit freundlicher Genehmigung des Autors

[322] Kirschbichler, K., S. Stehrer & A. Wimmer (2009): Medizin populär 6/2009: 10-17

[323] Hölzmannseder, J. & I. Pertramer (2008): Ein Stall voll Ideen. – Wienerinreport Oktober 2008: 75-81.

[324] ‚Die Goaßkasliesl aus der Großstadt': Tiroler Tageszeitung, Samstag/Sonntag 15./16. Dezember 2001

[325] Mangold, I. & H. Dornhege (2010): Macht das Landleben glücklich, Frau Fröhlich? – ZEIT LITERATUR, November 2010: 16-21.

[326] Tschavgova, K.: Form follows fiction. – Presse Spectrum, Freitag, 14. August 2009

Der Himmel, das Wasser und die Ziegen' berichtet gar von einer norwegischen Ziegenfarm, auf der man urlauben kann.[327] Wer die Ziegenidylle lieber nur vorübergehend genießen will, der braucht nicht erst alpine Gipfel anzupeilen. Wandern mit Geißen als Packtiere bieten bereits etliche Betriebe in sanften Hügellandschaften. Dafür nimmt man besser keine Böcke, will man doch die städtischen Gäste keineswegs geruchlich brandmarken. Denn einmal berührt, lässt sich das männliche Parfum lange nicht entfernen. Als Kennzeichen eines Bieres ist der Ziegenmann freilich unübertroffen. Viele Brauereien stellen stärker alkoholhaltige ‚Bockbiere' her.

Mit ‚Bock auf Mode' wirbt man für Fashion-Weeks,[328] graubraune Zwergziegen kontrastieren feine Spitzen- und Satinstoffe[329] und der alpine Dirndl-Look präsentiert das Kitz wie einen Hund.[330] Gleiches bietet auch das Bild ‚Müßiggang 2014' der Wiener Fotografinnen Katsey, Theresia Katona und Barbara Seyr,[331] wo eine Vierhornziege als Begleiterin

[327] Beilage zur Wiener Zeitung, 23.11.2013
[328] ‚Ziegenbock auf Shopping-Tour': Heute, 24.4.2009
[329] Wien live, Dezember 10/ Jänner 11: 168-169
[330] Titelbild von ALPS 06/2013
[331] www.katsey.org/#MUsIG-GANG-2014

dreier Musiker erscheint. Für den Action-Fan gibt es den ‚Goat-Simulator', ein interaktives Videospiel mit einer Ziege als unverletzbarer Heldin,[332] und im britischen Fernsehen winkt eine Ziege mit ihrem Vorderlauf einem Casting entgegen.[333]

Titelblatt von ALPS November / Dezember 2013

Der Stadtmensch: ziegenaffin?

Der Ziege ist von Natur aus eine hohe Reproduktionskraft gegeben. Das heißt, sie kann sehr viele Nachkommen hervorbringen.[334] Damit beantwortet die Evolution für gewöhnlich den starken Feinddruck auf eine Tierart. Die wilde Stammform, die Bezoarziege, diente ursprünglich vielen Raubtieren als Beute, ohne dass sie dadurch ausgestorben wäre. Wenn jedoch im Wiener Tiergarten Schönbrunn überzählige Kitze an die Löwen und andere Fleischfresser verfüttert werden, schreit die Stadt auf.[335] Das Kindchenschema der Kleinen zieht Besucher in seinen Bann, die den Prozess vom lebenden Tier zur Bratenkeule noch nicht verinnerlicht haben; offenbar gehören sie noch nicht zum Kreis der selbstvermarktenden Stadtflüchtigen.

Im Verwaltungsgebiet von Wien waren Ziegen bis ins 19. Jahrhundert so selbstverständlich, dass sie sogar auf Stichen verewigt wurden: zum Beispiel vor der ‚Spinnerin am

[332] Der Standard: 19.1.2015
[333] Österreich Heute: 13.1.2010
[334] Vgl. ‚Freilandhunger mit Verwilderungspotential': ‚In freier Wildbahn zählt nur die Art'
[335] ‚Wirbel um Ziegen als Raubtierfutter': Österreich Heute, April 2015

Kreuz', einer gotischen Steinsäule auf der Höhe des Wienerberges, die der Rückkehr eines Ritters unter Herzog Leopold VI, dem Glorreichen, zu verdanken sein soll.[336] Heute steht das Steinmal gründlich ziegenbereinigt neben dem Durchzugsverkehr auf der komplett verbauten Triesterstraße

Postkarte K. K. Eilpost 19. Jahrhundert: Spinnerin am Kreuz (Archiv)

Postkarten aus Grasse an der Côte d'Azur und Paris bezeugen noch für 1909 und 1939 die Vereinbarkeit von Stadt und Ziege. Die Zeiten, in denen sie in vergleichbaren Bereichen Wiens gehalten wurden, sind heute längst vorbei. Nicht einmal Straßennamen, die auf die kleinen Wiederkäuer verweisen, sind hier erhalten. Ein Teil der heutigen Postgasse im ersten Bezirk hieß bis 1862 Bockgasse, aber nur nach einem Hausschild ‚Zum blauen Bock'; die zweite Bockgasse im 18. Bezirk, Währing, wurde 1894 in ‚Lazaristengasse' umbenannt.

Nächste Seite: Spinnerin am Kreuz 2015

---

[336] Kuthmayer, F. (1928): S. 88f.

Grasse an der Côte d'Azur 1909

Paris 1939

In Linz gibt es heute noch eine Bockgasse. In Graz erinnert der Gaisbergweg an die einstige Ziegenhaltung. Salzburg kann sogar noch mit einem ganzen Gaisberg aufwarten, sowie der gleichnamigen Straße, die dorthin führt; ferner gibt es im Stadtteil Langwied den Geisbichlweg, der auf einen vielsagenden Flurnamen zurückgeht.

Nächste Seite: Ziegen als Landschaftspflegerinnen auf Trockenrasen am Bisamberg nordwestlich der Wiener UNO-City

In Wien wurden 1943 noch 15.713 Ziegen gezählt.[337] Diese Zahl sank bis 1985 auf 48 Stück.[338] Dies waren aber nicht mehr ausschließlich Nutztiere, sondern auch Schau- und Zootiere, zum Beispiel Zwergziegen. Heute ist die Wiener Ziegenpopulation wieder auf 214 angewachsen. In den Außenbezirken finden sie – trotz gelegentlicher Anrainerproteste – immer wieder Lebensraum, worüber die Lokalpresse gern berichtet: zum Beispiel über die Ziegen Liesi und Gundi in Döbling[339] oder die von Frau Kamprath in Liesing.[340]

Für die Gemeinde Wien (MA 49) sind Geißen bereits zu ständigen Mitarbeitern geworden, zu richtigen Amtspersonen gewissermaßen. Sie haben nämlich unter anderem die Aufgabe, das Naturschutzgebiet beziehungsweise die Naturdenkmäler ‚Alte Schanzen' am Bisamberg von Gebüsch zu befreien, damit die ökologisch wertvollen Trockenrasen erhalten bleiben.[341] Gleiches leisten Ziegen in der Lobau, dem Wiener Anteil am Nationalpark Donauauen.

Im dicht verbauten Gebiet sucht man allerdings vergeblich nach einer Möglichkeit, Ziegen auch nur vorübergehend auszustellen. Diese Erfahrung musste die Künstlerin Gabriele Rothemann machen, als sie die Idee hatte, ihrer Zeichnung der schwarz-weißen Tiere[342] zwei analog gefärbte, lebende Ziegen im begrünten Innenhof einer Galerie gegenüber zu stellen als Demonstration, was die Natur aus demselben ‚Gedanken' gemacht hat. Die Zeichnung war vor fast zwanzig Jahren als intuitives Spiel mit dem Stift ohne Kenntnis der realen Tiere entstanden. Vor kurzem erst fand die Künstlerin ähnliche Pigmentierungsvarianten in der Walliser Schwarzhalsziege und der Pfauenziege verwirklicht. Dafür, diese Idee und ihre Zeichnung hier präsentieren zu dürfen, danke ich Gabriele Rothemann sehr herzlich.

---

[337] Schifter, H. (1974): S. 445
[338] S. Tabelle 1
[339] Kronenzeitung, 6.7. und 12.7.2010
[340] Kronenzeitung, 16.9.2007
[341] Wiesbauer, H. (o. J.) und www.life-bisamberg.at
[342] Rothemann, G. (1997): S. 1

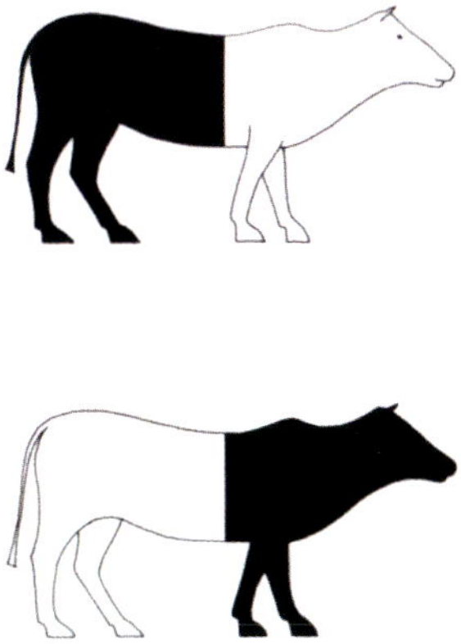

Oben: Zeichnung Gabriele Rothemann, 1997 – mit freundlicher Genehmigung der Künstlerin
Unten: Böcke von Pfauenziege und Walliser Schwarzhalsziege

In Wien hatte die künstlerische Beschäftigung mit Ziegen bereits Anfang des 20. Jahrhunderts einen Höhepunkt, nämlich im Rahmen der Wiener Werkstätte: Künstler wie Michael Powolny und Ida Schwetz-Lehmann schufen Traubenböcke in Keramik; auch Hugo Kirsch ist bekannt für seine Serie von Ziegenkeramiken.

Die Ratlosigkeit von Ziege und Mensch angesichts des verwilderten und daher nicht mehr bespielbaren, aber noch nicht zu beweidenden Tennisplatzes hat Corinne L. Rusch in ihrer Serie ‚badrutt's palace & co', 2007-2010 wunderbar eingefangen.[343] Ganz anders in Tokio: dort errichtete Japans größte Leiharbeitsagentur Pasona mitten in der Mega-City einen Bauernhof, dessen Publikumsmagnete zwei weiße Ziegen sind. Man will damit nicht nur den 4500 Angestellten dörfliche Atmosphäre bieten, sondern die zunehmend arbeitslosen Städter für den aussterbenden Bauernstand des Landes begeistern.[344] Humanitäre Hilfe für Afrika leistet hingegen die Österreichische Raiffeisenbank. Sie ist dem Aufruf gefolgt, eine Ziege für den Anfang zu schenken,[345] und erwirbt bei jeder Neueröffnung eines Studentenkontos für eine afrikanische Familie eine Ziege.

Der Dichter mit besonderer Ziegenaffinität Bodo Hell verbringt seit nunmehr 35 Jahren jeden Sommer auf einer Alm im Dachsteingebiet.[346] Für ihn ist die Ziege eine Milchgöttin:

[343] www.corinnerusch.com/rusch_badrutts.htm
[344] Koelling, M. (2011): Ein herzliches Mäh zum Empfang. – Der Standard 16.2.2011
[345] Caritas (2014/15): Schenken mit Sinn
[346] Hell, B. (2009)

> diese gänzlich unzickige Ziege wird jetzt sanft von ihrem Liegeplatz hochgezogen (inzwischen ist auch die Sonne über Brenntwegerl oder Grimming aufgegangen) und als letzte in freudvoller Ruhe gemolken, während sie wiederkäuend den Vorgang zu genießen scheint, stillhaltend bis zum nächsten heraufrollenden Bissen, und bisweilen den Kopf auf die Schulter des Melkers zurücklegend, während ihr die durch die Stallbalken fallenden Sonnenstrahlen das Fell wärmen, in fleckig leuchtenden Zonen, bukolisch, arkadisch, pastorell, so daß man die Zeit anhalten möchte und im unendlichen Melken dieser Milchgöttin verharren[347]

Nicht allein durch die Brille des Stadtgeprüften, sondern auch als Künstler reflektiert Bodo Hell seinen persönlichen Rhythmus zwischen dem sommerlichen Hirtenleben auf 1800 Metern Höhe und dem städtischen Gegenpart im übrigen Jahr. Die notwendigen Abläufe des Weidebetriebes, fremdbestimmt durch Wetter und Vieh, wirken doch wie organisch gewoben im Vergleich zu den agglomerierten und nicht selten übergriffigen Zufallsbegegnungen im Urbanen. Die Verbindung zwischen beiden Welten stiftet allein das Erleben; immanent scheint sie ihnen nicht zu sein. Denn wo sie direkt aufeinander treffen, entsteht oft Widerspruch.

Was wir sehen blickt uns an

Georges Didi-Huberman beschäftigt sich in seiner ‚Metapsychologie des Bildes'[348] mit unseren Seherfahrungen, die das, was wir zu sehen glauben, entscheidend mitbestimmen. Ein puristisches Objekt, womöglich ein Kunstwerk, animiert uns, ihm etwas darüber Hinausgehendes zuzuschreiben, es zu transzendieren. Das Ding an sich bleibt uns fremd. Solche Fremdheit erleben wir im Innersten als Verlust. Um diesen zu überwinden, legen wir unwillkürlich etwas von uns selbst in den Gegenstand. Wir bekommen dann den Eindruck, dass er seinerseits uns anblickt. Ein lebloses Objekt wird für einen Augenblick der Betrachtung zum reagierenden Gegenüber, wie ein Umspringbild. Unbewusst konstruie-

[347] Hell, B. (2015): S. 109
[348] Didi-Huberman, G. (1999)

ren unsere Sinne an ihm die Spiegelung unseres eigenen Blickes. Ähnliches geschieht, obwohl wesentlich komplizierter, wenn wir einem Tier gegenüber treten. Das Tier lebt. Und es sieht uns wirklich an. Aber blickt es uns auch an?

> Wenn ich angeblickt werde, so höre ich auf, die Augen, die mich da anblicken, wahrzunehmen, ihre Farbe etwa oder wie sie geformt sind; der Blick des Anderen verbirgt geradezu seine Augen. Wir können nicht zugleich angeblickt werden *und* dabei wahrnehmen.[349]

Der Blick der Ziege, wenn es denn einer ist, wird uns immer fremd bleiben. „Wenn wir sehen, suchen wir im Sehen das heraus, was wir schon kennen, um so das eigene Sehen vor Unvorhersehbarem schonen zu können."[350] Wir unterstellen der Ziege uns anzublicken. Wir wollen die Fremdheit überwinden. Wir sind in erster Linie soziale Wesen. Als solche wollen wir mit anderen Lebewesen kommunizieren, selbst um den Preis, sie zu vermenschlichen oder ihnen etwas über sie hinaus Gehendes anzudichten. So suchen wir in den Augen der Ziege Bekanntes. – Die Psychoanalyse nennt das Übertragung.

Wenn wir Geiß oder Bock anblicken, legen wir etwas Menschliches in sie hinein. Nur weil wir sozial sind, macht der Blick eines Tieres etwas mit uns. „Indem ich den anderen sehe, objektiviere ich ihn; indem ich ihn anblicke oder von ihm angeblickt werde, fühle ich ihn; nicht selten wie in einem Akt der Erstarrung."[351] Unser Dasein ist von Beginn an ein Angeblicktsein durch ein Du und damit ein ‚Sein für den Anderen'. Und an dem Bild, das wir uns vom Blick unserer Ziege machen, schauen wir in uns selbst das Tier.

> Die Augen eines Tieres sind, wenn sie einen Menschen betrachten, aufmerksam und wachsam. Das gleiche Tier wird wahrscheinlich andere Tiere auf die gleiche Weise ansehen. Für den Menschen ist kein besonderer Blick reserviert. Doch keine andere Gattung als die des Menschen wird den Blick des Tieres als vertraut empfinden. Andere Tiere nimmt der Blick gefangen. Der Mensch jedoch wird sich, in-

---

[349] Satre, J.-P. (1949/1993), zitiert nach Krämer, S. (2009): S. 5.
[350] Schmuckli, L. (2012)
[351] Satre, J.-P. (1949/1993), zitiert nach Krämer, S. (2009): S. 6.

dem er den Blick erwidert, seiner selbst bewusst. Das Tier beobachtet ihn genau, über einen schmalen Abgrund des Nicht-Verstehens hinweg. [...]
Der Mensch blickt ebenfalls über einen ähnlichen, wenn auch nicht identischen Abgrund des Nicht-Verstehens hinweg. Wo immer er auch hinblickt. Er blickt immer über einen Abgrund aus Unwissenheit und Angst. Wenn er nun von einem Tier *wahrgenommen wird*, wird er so gesehen, wie er seine Umgebung sieht. Weil er dies erkennen kann, wird ihm der Blick des Tieres zu einem vertrauten. Und doch ist das Tier verschieden und kann nie mit einem Menschen verwechselt werden. Daher schreibt man Tieren eine Macht zu, die sich zwar mit menschlicher Macht vergleichen lässt, doch niemals mit ihr zusammenfällt. Das Tier hat etwas Geheimnisvolles, das, anders als die Geheimnisse der Höhlen, Berge und Meere, sich in besonderer Weise an den Menschen wendet. [...] Kein Tier aber bestätigt den Menschen, weder im positiven noch im negativen Sinne.[352]

Tiere wirken aufeinander nicht kausal, sondern als Zeichen. Was sie wahrnehmen, sind nicht Luftdruck- oder Temperaturschwankungen, sondern Lock- und Drohgebärden. Das lebende System gibt eine nur von seinem inneren Zustand abhängige [...] Antwort auf den Reiz. [...] Diese egozentrische Weltgenese bezeichnete J. v. Uexküll als ‚magisch'. ‚Magische Umwelten' sind diejenigen subjektiven Welten, die ein Organismus in die Dinge ‚hineinsieht', die somit für ihn Reize bedeuten, ohne dass dies nach außen sichtbar wäre. ‚Magische Umwelten' sind die ohne einen beobachtbaren Anlass in die Wirklichkeit hinaus verlegten Dispositionen der Subjekte.[353]

Viele indigene Kulturen gehen von elementaren Ähnlichkeiten zwischen Mensch und Tier aus; sie sehen die Gleichwertigkeiten aber metaphorisch; Tiere sind zum Beispiel für die nordamerikanischen Cree Personen, die sich ihnen freiwillig zuwenden und erlegen lassen.[354] Etliche südamerikanische Indianervölker sehen den Menschen als Menschen und Tiere als Tiere; sie meinen aber, die Tiere würden den Menschen ebenfalls als Tier wahrnehmen.[355] Damit bestätigen sie zugleich, dass sie ihr Selbstbild als Mensch vom Tier unterscheiden. Auch der Glaube, dass Tiere sich in Menschen verwandeln können und um-

352 Berger, J. (2003): S. 13 f.
353 Weber, A. (2003): S. 129 f.
354 Ingold, T. (2002): S. 83
355 Mader, E. (2002): S. 213

gekehrt, zeugt vom Anerkennen der Unterschiede. Der amerikanische Naturphilosoph Paul Shephard meint, dass der menschliche Geist nur gedeihen kann, indem er ‚in Tieren denkt'; sie sind die Werkzeuge, mit deren Hilfe wir abstrakte Ideen verbildlichen und sie uns bewusst machen.[356]

> Sieht sich der Mensch nicht selbst erst richtig als Teil eines Bestiariums, im schlauen Fuchs, dem flinken Hasen, dem Bär, dem Huhn [...]? ‚Bevor der Mensch in der Lage ist, diese Charaktereigenschaften in sich selbst klar zu erblicken, erkennt er sie typisiert in den Tieren' (Langer 1979: 164): die Stärke des Stiers, die Wendigkeit des Kaninchens, die schlängelnde Beweglichkeit der Schlange, die Feierlichkeit der Eule.[357]

Anhand des Andersseins des Tieres erkennt der Mensch sich selbst, aber auch das Tier. Daher kann ihn diese Gegenüberstellung im Schöpfungsmythos an seinesgleichen verweisen. Adam, hebr. *Mensch*, erkennt seine menschliche Dimension erst angesichts seiner Partnerin Eva, hebr. *Leben*, nachdem er die gesamte Tierwelt benannt hat:

> Und Gott der Herr sprach: ‚Es ist nicht gut, dass der Mensch allein sei; ich will ihm eine Gehilfin machen, die um ihn sei.' Und Gott der Herr machte aus Erde alle Tiere auf dem Felde und alle Vögel unter dem Himmel und brachte sie zu dem Menschen, dass er sähe, wie er sie nennte; denn wie der Mensch jedes Tier nennen würde, so sollte es heißen. Und der Mensch gab einem jeden Vieh und Vogel unter dem Himmel und Tier auf dem Felde seinen Namen; aber für den Menschen ward keine Gehilfin gefunden, die um ihn wäre. [...] Und der Herr baute ein Weib aus der Rippe, die er von dem Menschen nahm, und brachte sie zu ihm. Da sprach der Mensch: Das ist doch Bein von meinem Bein und Fleisch von meinem Fleisch;[358]

Nächste Seite: Ziegenauge spiegelt Fotografin

---

[356] Shepard, P. (1998)
[357] Weber, A. (2003): S. 159
[358] 1. Buch Mose 2. 18-23 nach der deutschen Übersetzung Martin Luthers, Württembergische Bibelanstalt Stuttgart, 1971

Oder mit den Worten von Hermann Hesse:[359]

Zur Urwelt führt kein Weg zurück.
Es gibt kein Sternenheer,
Kein Wald und Strom und Meer
Der Seele Trost und Glück.

Es ist nicht Baum noch Fluss noch Tier
Dem Herzen zu erreichen;
Trost wird im Herzen dir
Allein bei deinesgleichen.

Unsere urban geprägte Zivilisation scheint mit der gegenwärtigen Zuwendung zur Ziege auch einen eigenen Seelenanteil personifizieren zu wollen: die Ziege als das Unabhängige, das Widerspenstige, die unbekümmerte Natur; derjenige Teil in uns, der sich nicht unterkriegen lässt, sondern genüsslich seinen eigenen Rhythmus und seine Lust lebt; also all das, was die von Technik und Stress dominierten Industriearbeiter, Büromenschen und Managerinnen vielschichtig unterdrücken müssen. War mit dem Bock in Märchen und Mythen das verkörperte Triebhafte gemeint, das vielleicht erst durch die Liebe einer Frau zum menschlichen Mann ‚kultiviert' wird, so steht jetzt womöglich die unbewusste Identifikation mit der weiblichen Ziege im Vordergrund: wir bringen damit die feminine Saite in uns zum Klingen, das Gefühlvolle wie das Soziale, nach dem sich viele in der städtischen Anonymität sehnen. Und die verlässliche Unnahbarkeit der Ziege korrespondiert mit der inneren Souveränität der emanzipierten Frau, die darum nicht weniger weiblich sein muss.

Die Augen der Ziege

Das Zeichen ‚Auge' finden wir im Tierreich häufig für eine zwischen- oder innerartliche Kommunikation. Es dient dem Abwehren, Schützen oder Drohen. Vor allem Insekten, aber auch Fische bilden das Augenmuster oftmals täuschend echt nach. Damit sollen Fressfeinde entweder gleich abgeschreckt oder auf weniger wichtige Köperteile gelenkt werden. Menschen reagieren stark emotional auf die Größe der Pupillen und die Blickdauer: angestarrt zu werden macht uns aggressiv. Wir ziehen weite Pupillen einem kleinen Sehloch auf Abbildungen oder an einem realen Gegenüber vor. Unsere Pupillen vergrö-

[359] Hermann Hesse: ‚Kein Trost' aus dem Gedichtzyklus ‚Von einer asiatischen Reise'

ßern sich, wenn wir uns konzentrieren oder mit angenehmen Eindrücken konfrontiert sind. Schon Neugeborene reagieren auffallend auf schematische Gesichter mit hervorstechenden Augenpunkten. Augenmotive gehören daher zu den frühesten Darstellungen der materiellen Kultur.[360]

Die antike Medizin in Gestalt des Arztes Herophilos in Alexandrien um 290 v.Chr. fand bereits einen interessanten Zusammenhang zwischen den Augen und der Ziege: der Medicus verordnete bei Augenleiden eine Ziegenlebersalbe.[361] Die traditionelle chinesische Medizin (TCM) kennt die Verbindung von Augenerkrankungen und Hitzestau in der Leber. Mit einem Auszug aus dem ‚Hitzeorgan' eines ‚Feuertieres'[362] hat dieser griechische Arzt ganz im Sinne der späteren Homöopathie dem geschwächten Auge die ihm adäquate Information zugeführt. Westafrikanische Savannenvölker verabreichen die Leber der Ziege – sowie auch anderer Tiere wie Hund, Schaf oder Henne –, wenn diese ihrer Meinung nach eine Person verhext haben.[363]

Bereits das gesamte indogermanische Altertum hat die Sehschärfe des Ziegenauges und ihr Leuchten als zusammenhängend wahrgenommen: Ziegenskulpturen wurden in leuchtenden Farben gefertigt; Schätze bewachende Ziegen sind nicht nur selbst golden, mitunter haben sie auch feurige oder bis zu zwölffache Augen; Aristoteles schreibt den Augen der Ziege insgesamt einen besonderen Charakter zu und Plinius hielt sie für nachtsichtig – was für die Hausziege nur in sehr beschränktem Ausmaß gelten dürfte, vermeidet sie bei Dunkelheit doch tunlichst einen Ortswechsel. Andererseits kann es gerade das Ziegenhorn sein, das in italienischen Märchen – und nicht nur dort – Menschen die Augen aussticht.[364] Auge und Horn haben diametrale, in gewisser Weise spiegelbildliche Bedeutung: nicht nur, dass Augen gefährdet sind, von spitzen Gegenständen ausgelöscht zu werden.

[360] Uhler, J. (1994)
[361] Landfester, M. (2000)
[362] Vgl. ‚Signatur und Temperament'
[363] Zwernemann, J. (1995)
[364] Graf, M. H. (2006): S. 225 ff.

Die Außenwelt wird durch die Augenlinse verdichtet, um als scharfer Sehstrahl über die Netzhaut ein entsprechendes Bild im Gehirn entstehen zu lassen. Der Blick selbst kann auch scharf und spitz sein und verletzen. In der US-Amerikanischen Filmsatire ‚Männer, die auf Ziegen starren' aus dem Jahr 2009 tötet ein Mann eine Ziege durch bloßes Anstarren.

Die leuchtend gelbe Iris des Ziegenauges hat einen waagrechten Sehschlitz.[365] Sie erscheint uns fremd und unnahbar, als ob sie uns nicht hineinschauen lassen wollte. Bei Dunkelheit werden ihre Pupillen rund und groß. Die grünliche Netzhaut reflektiert einfallendes Licht und verleiht dem Ziegenauge auch bei Nacht den Eindruck des Leuchtens. Helle, wachsame und aufmerksame Augen wirken besonders weit- und scharfsehend. In der Wahrnehmung vorwissenschaftlicher Kulturen bedeutet das, auch in die Zukunft blicken zu können. Dies befruchtet einerseits Gottesvorstellungen bis ins Christentum. Andererseits hilft diese Interpretation, dem ‚christlichen' Teufel die wissenden, durchdringenden und begehrenden Augen des Ziegenbocks anzudichten. So trug auch Thor, der mit Ziegenböcken in Verbindung stand, die Beinamen ‚Späher' und ‚Blicker'.[366]

> Doch wie der Held in der Hölle Alles erfährt und sieht, so hat die Ziege, welche Andere der Sehkraft beraubt, selbst die Eigentümlichkeit, Alles zu sehen; das ist der Fall, weil die Ziege als die in der Wolke oder der finsteren Nacht eingeschlossene Sonne, die Geheimnisse der Hölle sieht, und auch, weil sie als der gehörnte Mond oder der Sternenhimmel, der Spion des Himmels ist.[367]

Die Augen einer Ziege zeigen in eine schier unendliche Tiefe.[368] Was sehen diese ausdrucksstarken ‚Lichter der Seele', wie kommt unsere Welt in ihrem Inneren an? – Ohne diese Fragen beantworten zu können, berichtet Eric de Rosny erschütternd, wie er als Jesuit bei dem schwarzafrikanischen Heiler Din in Südwestkamerun eine Initiation durch-

---

[365] Vgl. ‚Signatur und Temperament'
[366] Graf, M. H. (2006): S. 234 f.
[367] De Gubernatis, A. (1874): S. 326
[368] Vgl. ‚Ziegenflüstern': ‚Körpersprache und Blick'

läuft. Durch das Opfern einer Ziege erwirbt er selbst den ‚doppelten Blick'. Früher war es ein Menschenopfer; als dieses verboten wurde, griff man zur Ziege. Die Ziege gilt den Einheimischen als Familienmitglied, das aufgrund ihrer persönlichen Nähe zu ihnen auch ihre Plätze einnehmen kann. Das Selbstbewusstsein dieser Menschen ist offenbar noch nicht vollständig abgegrenzt vom Begriff Tier.[369]

Din hat die Ziege nach ihrer äußeren Ähnlichkeit zu Eric ausgewählt. Sie vertritt dessen Stelle ‚mit ihrem in die Ferne gerichteten Blick, der sich nicht deuten lässt'.[370] Im Zuge der mehrere Tage andauernden Initiation bekommt nicht nur Eric, sondern auch die Ziege die psychedelischen Tropfen in die Augen geträufelt. Darüber hinaus muss sie sich mit seinen Sünden und allem Schlechten, das in ihm steckt, beladen lassen: ‚Die Ziege – das ist der Mensch, […] sein gesammeltes Unglück'. Während ihre Augen langsam brechen, wonach sie wie ein Mensch beerdigt wird, gehen die des Eingeweihten auf. Er ist im Stande, das kulturell vielfältig kaschierte Böse nicht nur zu sehen, sondern es auch zu ertragen. – Was sonst sollte der Europäer des zwanzigsten Jahrhunderts erleben angesichts solchen Opfers?

> Religion ist eine menschliche Daseinsäußerung, eine anthropologische Erscheinung. Wenn sich das religiöse Verhältnis des Menschen zum Tier gewandelt hat, haben wir es somit nicht mit einem zoologischen, sondern mit einem anthropologischen Vorgang zu tun: mit Veränderungen im menschlich-seelischen Bereich.[371]

Das afrikanische Initiationsopfer war zumindest sichtbar. Die manchmal nicht unähnlichen industriellen Tierversuche unter anderem an Ziegen[372] werden hingegen so gut es geht vor den Augen der Öffentlichkeit verborgen!

---

369 Maag, V. (1983)
370 De Rosny, E. (1999): S. 333 ff.
371 Maag, V. (1983): S. 7
372 Meyer; H. (2000): S. 515

Ein letztes Mal drehe ich mich um. Im Hintergrund des Zimmers, wie verloren in einem dichten schwarzen Fell, erkenne ich die beinahe geschlossenen, unergründlichen Augen ‚meiner' Ziege. Von nun an besteht zwischen ihr, die Din als ‚Person' bezeichnet, und mir eine geheiligte Verbindung, und im Augenblick meiner Abreise kann mein Blick zurück auf sie nur ein Blick voller Respekt sein.[373]

Abgang der Pfauenziegen

[373] De Rosny, E. (1999): S. 342

9
Anhang

Zitierte Literatur

Afanasjew, A. N. (1990): Russische Volksmärchen. Übertragen von Werner von Grimm – insel taschenbuch 1058. Insel Verlag, Frankfurt am Main. 444 S.

Aldezabal, A. & I. Garin (2000): Browsing preference of feral goats (*Capra hircus* L.) in a Mediterranean mountain scrubland – Journal of Arid Environments Vol. 44, No. 1: 133-142.

Altmann, F. D. (1992): Alte Haustierrassen: Kapitel Jochberger Hummeln – Unveröff. Manuskript, Kranichfeld.

Anand, M. R. (1958): Indische Märchen – Alfred Holz Verlag, Berlin. 136 S.

Assmann, J. (1992): Das kulturelle Gedächtnis. Schrift, Erinnerung und politische Identität in frühen Hochkulturen – München 1992 – zitiert nach Schmitt, Ch. (2005).

Baciadonna, L., A. G. McElligott & E. F. Briefer (2013): Goats favour personal over social information in an experimental foraging task – PeerJ. 172: 16 S.

Bar-Gal, Gila Kahila (2002): Genetic evidence for the origin of the agrimi goat (*Capra aegagrus cretica*) – Journal of Zoology Vol. 256, No. 3: 369-377.

Basile, G. (1979): Das Pentameron Kapitel 9 – Philipp Reclam Jun. Leipzig

Bauer, J. (2006): Prinzip Menschlichkeit. Warum wir von Natur aus kooperieren – Hoffmann und Campe, Hamburg. 256 S.

Bell, M., T. Harris, S. I. Bartlett, Ch. Plaizier & H. Bringhurst (2014): Spider Goats: Maximizing Spider-Silk Protein Recovery per Volume of Milk Processed – Student Showcase, Paper 11.

Bellinger, G. J. (2002): Knaurs Lexikon der Mythologie – Weltbild, Augsburg. 570 S.

Berger, J. (2003): Warum sehen wir Tiere an? – In: J. Berger, Das Leben der Bilder oder die Kunst des Sehens – Verlag Klaus Wagenbach, Berlin: 12-35.

Benecke, N. (2000): Urgeschichte – In: Mensch und Tier in der Geschichte Europas – P. Dinzelbacher Hg. Alfred Kröner Verlag Stuttgart: 1-28.

Benecke, N. (2001): Der Mensch und seine Haustiere. Die Geschichte einer jahrtausendealten Beziehung – Theiss, Lizenzausgabe für den Parkland Verlag, Köln. 470 S.

Bentham, J. (1828): An Introduction to the Principles of Morals and Legislation. A new edition, corrected by the author – Chapter 17: Of the Limits of the Penal Branch of Jurisprudence. IV. Fußnote "Interest of the inferior animals improperly neglected in legislation"; London: p. 235, 236 in der Google-Buchsuche.

Bioland Beratung GmbH (2013): Milchziegenhaltung im Biobetrieb. Ein Managementleitfaden für Einsteiger und Ziegenprofis. – Mainz, 36 S.

Blume, D. (2004): Tiere, Dämonen und Menschen am Nachthimmel – Sternbilder des Mittelalters – In: Tiere. Eine andere Anthropologie. Böhlau Verlag Köln Weimar Wien: S. 97-115.

Böhm, A. (2012): Die Rebellen und das Recht – DIE ZEIT Nr. 49, 8. Dezember 2012.

Boyazoglu, J., I. Hatziminaoglou & P. Morand-Fehr (2005): The role of the goat in society: Past, present and perspectives for the future – Small Ruminant Res., Vol. 60 Issues 1-2: 13-23.

Brehm, A. E. (1938): Tierleben für das Bauernhaus – Goslar. 308 S.

Brentjes, B. (1962): Gazellen und Antilopen als Vorläufer der Haustiere im Alten Orient – Ges. Sprachwissenschaftliche Reihe, Universität Halle, Jahrg. XI, H. 6: 537-736.

Brentjes, B. (1973): Zu den Ursachen der Herausbildung der Domestikation in Vorderasien – Paléorient, Vol. 1, No. 2: 207-211.

Brentjes, B. (1986): Die Erfindung des Haustieres – 3. Verbesserte Auflage, Urania-Verlag Leipzig – Jena – Berlin, 128 S.

Briefer, E. F. & A. G. McElligott (2012): Social effects on vocal ontogeny in an ungulate, the goat, *Capra hircus* – Animal Behaviour Vol. 83, Issue 4: 991-1000.

Briefer, E. F., M. Padilla de la Torre & A. G. McElligott (2012): Mother goats do not forget their kids' calls – Proceedings of the Royal Society B 279: 3749-3755.

Briefer, E. F. & A. G. McElligott (2013): Rescued goats at a sanctuary display positive mood after former neglect – Applied Animal Behaviour Science Vol. 146, Issues 1-4: 45-55.

Briefer, E. F., S. Haque, L. Baciadonna & A. G. McElligott (2014): Goats excel at learning and remembering a highly novel cognitive task – Frontiers in Zoology 11: 20. 18 S.

Briefer, E. F., F. Tettamanti & A. G. McElligott (2015): Emotions in goats: mapping physiological, behavioural and vocal profiles – Animal Behaviour Vol. 99: 131-143.

Brommer, F. (1949): Pan im 5. und 4. Jahrhundert v.Chr. – Verlag des Kunstgeschichtlichen Seminars der Universität Marburg. 42 S.

Burkert, W. (1990): Antike Mysterien, Funktion und Gehalt – Beck, München. 153 S.

Campell, K. & C. J. Donlan (2005): Feral Goat Eradications on Islands – Conservation Biology Vol. 19, No. 5: 1362.1374.

Close, Angela E. (2002) Sinai, Sahara, Sahel: The Introduction of Domestic Caprines to Africa – In: Lenssen-Erz, T. et. al. (eds): Tides of the Desert – Gezeiten der Wüste. Beiträge zur Archäologie und Umweltgeschichte Afrikas zu Ehren von Rudolf Kuper. Africa Paehistorica 14, Monographien zur Archäologie und Umwelt Afrikas. Köln: Heinrich Barth Institut, pp.: 459-469 – Zitiert nach: Haager, A. P. (2011).

Coblentz, B. E. (1977): Some Range Relationships of Feral Goats on Santa Catalina Island, California – Journal of Range Management 30(6): 415.

De Gubernatis, A. (1874): Die Thiere in der indogermanischen Mythologie – F. W. Grunow, Leipzig; Faksimile: Adamant Media Corporation 2006, Elibron Classic series, 675 S.

De Rosny, E. (1999): Die Augen meiner Ziege. Auf den Spuren afrikanischer Hexer und Heiler – Aus dem Französischen von Jochen Collin. Edition Trickster im Peter Hammer Verlag, Wuppertal. 356 S.

Didi-Huberman, G. (1999): Was wir sehen blickt uns an. Zur Metapsychologie des Bildes – München, Fink. 252 S.

Diemberger, H. (2002): Die beseelte Landschaft. Natur, Kosmologie und Gesellschaft im tibetischen Kulturraum am Beispiel der Khumbo Ostnepals – In: Metamorphosen der Natur. Sozialanthropologische Untersuchungen zum Verhältnis von Weltbild und natürlicher Umwelt – A. Gingrich & E. Mader (Hg.), Böhlau Verlag, Wien – Köln – Weimar: 104-125.

Dilks, D. D., P. Cook, S. K. Weiller, H. P. Berns, M. Spivak & G. S. Berns (2015): Awake fMRI reveals a specialized region in dog temporal cortex for face processing – PeerJ 3:e1115 https://dx.doi.org/10.7717/peerj.1115

Dinzelbacher, P. (2000): Mittelalter. Epochentypische Grundeinstellung – In: Mensch und Tier in der Geschichte Europas, P. Dinzelbacher Hg. Alfred Kröner Verlag, Stuttgart: 266-292.

Ducos, P. (1993) Protoélevage et Élevage au Lévant Sud au VIIe Millénaire b.c., les Données de la Damaseène – Paléorient 19/1, pp.: 153-170. – Zitiert nach: Haager, A. P. (2011).

Egetmann-Verein-Tramin (2008): Tramin – ein Dorf im Ausnahmezustand – Athesia Druck Brixen, zitiert nach http://www.egetmann.com

Ehrhadt, G. (2002): Milcheiweißvarianten in der Ziegenzucht – Bericht über die 1. Fachtagung für Ziegenzüchter und -halter, 12.-13. November 2002, BAL Gumpenstein: 15-17.

Fernández, Helena, A. Hughes, J.-D. Vigne, D. Helmer, G. Hodgins, C. Miquel, C. Hänni, G. Luikart & P. Taberlet (2006): Divergent mtDNA lineages of goats in an Early Neolithic site, far from the initial ometication areas – Proceedings of the National Academy of Sciences 103.42: 15375-15379.

Findeisen, H. (1956): Das Tier als Gott, Dämon und Ahne. Eine Untersuchung über das Erleben des Tieres in der Altmenschheit – Franck'sche Verlagsbuchhandlung, Stuttgart. 80 S.

Fischer, B. (2011): Auswirkungen der Enthornung von Ziegenkitzen auf ihr Verhalten – Diplomarbeit zur Erlangung der Würde eines Diplomtierarztes der Veterinärmedizinischen Universität Wien, 63 S.

Fischer-Bossert, W. (2007): Die Ziegen von Aigai – Schweizerische numismatische Rundschau Band 86: 23-28.

Fitzinger, L. J. (1859): Untersuchungen über die Racen der Hausziege – Sitzungsberichte der kaiserlichen Akademie der Wissenschaften Wien, I. Abtheilung XXXVI. Band, No. 16: 469-540.

II. Abtheilung, XXXVII. Band, No. 17: 289-385.

Flannery, K. V. (1969): Origins and Ecological Effects of Early Domestication in Iran and the Near East – In: Ucko, P. J. & G.W. Dimbley (eds.): The Domestication and Exploitation of Plants and Animals – London, pp.: 73-100. – Zitiert nach: Haager, A. P. (2011).

French, M. H. (1970): Observations on the goat – FAO Food and Agriculture Organization of the United Nations, Rom.

Fuchs, A. (2008): Verschlüsselte Botschaften. Lebensmuster in Märchen. Alte Weisheit und neue Erkenntnisse – Böhlau Verlag Wien – Köln – Weimar, 168 S.

Fuhrmann, E. (1922): Das Tier in der Religion – Georg Müller München. 179 S.

Frey-Anthes, H. (2010). Ziege/ Ziegenbock – www.bibelwissenschaft.de/stichwort/35346/

Ganghofer, L. (1931): Hochlandzauber – Verlag Paul Franke, Berlin.

Gehlen, A. (1986): Anthropologische und sozial-psychologische Untersuchungen – Rowohlts Enzyklopädie. 184 S.
Goethe, J. W. v. (1775): Erster Entwurf einer allgemeinen Einleitung in die vergleichende Anatomie, ausgehend von der Osteologie – In: Naturwissenschaftliche Schriften, Zweiter Teil. Artemis Verlag Zürich und Stuttgart, zweite Auflage 1966.
González, C. A. et al. (2006): Meat Intake and Risk of Stomach and Esophagal Adenocarcinoma Within the European Prospective Investigation Into Cancer and Nutrition (EPIC) – Journal of the National Cancer Institute, Vol. 98, No. 5: 345-354.
Gradin, T. & C. Johnson (2005): Ich sehe die Welt wie ein frohes Tier. Eine Autistin entdeckt die Sprache der Tiere – Verlag Rad und Soziales. www.Autismus-Buecher.de
Graf, M. H. (2006): Schaf und Ziege im frühgeschichtlichen Mitteleuropa – Archaeolingua Band 19, Budapest. 304 S.
Grant, W. B. (2000): The role of meat in the expression of rheumatoid arthritis – British Journal of Nutrition 84: 589-595.
Grigson (Eds.): Animals and Archaeology, 3. Early Herders and their Flocks – Oxford: BAR International Series 202, pp.: 133-144.
Grönbech, W. (1980): Kultur und Religion der Germanen, Zweiter Band – Wissenschaftliche Buchgesellschaft Darmstadt. 428 S.
Grun-Gottert, L. (1958): Die Mainzer Tanzschuhe – Verlag Moritz Diesterweg, Frankfurt am Main, Berlin, Bonn. S. 10ff.
Gu, Yian, J. W. Nieves, Y. Stern, J. A. Luchsinger & N. Scarmeas (2010): Food Combination and Alzheimer Disease Risk: A Protective Diet – Arch Neuro. 67(6): 699-706.
Guggenberger, T., G. De Ros & S. Venerus (Hg.) (2007): Der geeignete Platz – Ein integriertes Modell zur Eignungsprüfung und Potenzialabschätzung alpiner Weiden für Schafe und Ziegen – HBLFA Raumberg-Gumpenstein, Irdning: 123-184.
Gupta, A. K. (2004): Origin of agriculture and domestication of plants and animals linked to early Holocene climate amelioration – Current Science, vol. 87, no. 1: 54-59.
Gutser, D. & Kuhn, J. (1998): Schaf- und Ziegenbeweidung ehemaliger Mähder (Buckelwiesen bei Mittenwald): Auswirkungen auf Vegetation und Flora, Empfehlungen zum Beweidungsmodus – Z. Ökologie u. Naturschutz 7: 85-97.
Haager, A. P. (2011): Die Domestikation des Altägyptischen Langhornrindes in Afrika. Eine Historische – Archäologische Evidenz – Diplomarbeit, Univ. Wien. 179 S.
Hambrusch, J. & L. Kirner (2013): Ökonomische Perspektiven der Schaf- und Ziegenhaltung in Österreich ab 2014 – 52. AWI-Seminar am 24. Juni 2013, Bundesanstalt für Agrarwirtschaft, Wien. 31 S.
Hančar, F. (1959): Zur Frage der Herdentier-Erstdomestikation – SAECULUM X, Heft 1: 21-37.
Haushofer, Marlen (1968): Die Wand – Ullstein Taschenbuch 1990.
Haymann, F. (2012): Die Münzen von Aigeai – Dissertation zur Erlangung des Doktorgrades an der Ludwig-Maximilian-Universität München. 309 S.
Haymann, F. (2013): Die Stadt der Ziege: Tiere als Vermittler lokaler Identität in der Antike – La condition animale 7: 15 S.
Hecker, H. M. (1984) A New Look at Childe's Oasis Propinquitiy Theory – In: Clutton-Brock, J. & C. – Zitiert nach: Haager, A. P. (2011).
Hell, B. (2009): Pendel- und Wanderbewegungen zwischen Alm und Großstadt – In: StadtundLand. Zwei Lebenswelten und ihre Bewohner – Grüne Reihe des Bundesministerium für Land- und Forstwirtschaft, Umwelt und Wasserwirtschaft Band 20; Böhlau Verlag Wien, Köln, Weimar: 313-344.
Hell, B. (2015): Morgenmelken auf der Alm. – In: Die Berge. Der Hof. Das Bleiben. – B. Steinwendtner (Hg.), TAURISKA Verlag, Neukirchen am Großvenediger: 104-109.
Hemmer, H. (1983): Domestikation. Verarmung der Merkwelt. Verlag Vieweg & Teubner.
Herre, W. & M. Röhrs (1990): Haustiere – zoologisch gesehen. 2., völlig neubearbeitete und erweiterte Auflage. Gustav Fischer, Stuttgart. New York. 412 S.
Hesse, N. (2002): Milchziegenhaltung in Deutschland – Diplomarbeit im Fachbereich Landwirtschaft, Internationale Agrarentwicklung und Ökologische Umweltsicherung. 97 S.
Ingold, T. (1984): Time, Social Relationships and the Exploitation of Animals: Anthropological Reflections on Prehistory – In: Clutton-Brock, J. & C. Grigson, C. (eds.): Animals and Archaeology 3, Early Herders and their Flocks – BAR International Series 202, Oxford, pp.: 3-12 – Zitiert nach: Haager, A. P. (2011).

Ingold, T. (2002): Jagen und Sammeln als Wahrnehmungsformen der Umwelt – In: Metamorphosen der Natur. Sozialanthropologische Untersuchungen zum Verhältnis von Weltbild und natürlicher Umwelt. A. Gingrich & E. Mader (Hg.), Böhlau Verlag, Wien – Köln – Weimar: 69-101.

Jaritz, G. (2014): Seltene Nutztiere der Alpen. 7000 Jahre geprägte Kulturlandschaft – Verlag Anton Pustet. 336 S.

Jellouschek, H. (1991): Im Irrgarten der Liebe. Dreiecksbeziehungen und andere Paarkonflikte – Kreuz Verlag, Zürich. 366 S.

Kaminski, J., J. Riedel, J. Call & M. Tomasello (2005): Domestic goats, *Capra hircus*, follow gaze direction and use social cues in an object choice task – Animal Behav. vol. 65, no. 1: 11-18.

Keil, N. M., J. Aschwanden & A. Patt (2015): Ziegen brauchen Distanz – Schaf- & Ziegenprofil, BLICK INS LAND SELECTION, Juni/Juli 2015: 10-12.

Kerényi, K. (1967): Dionysos: Urbild des unzerstörbaren Lebens – Langen Müller, München Wien.

Kinkade, A. (2006): Tierisch einfach. WARUM und WIE Sie Tiere verstehen und mit ihnen sprechen können – G. Reichel Verlag. 360 S.

Kloft, H. (2010): Mysterienkulte der Antike. Götter, Menschen, Rituale – Verlag C. H. Beck, München. 128 S.

Kluge, Etymologisches Wörterbuch der deutschen Sprache (1999) – Bearbeitet von E. Seebold; Walter de Gruyter, Berlin – New York.

Kompaktlexikon der Biologie (2001): Spektrum Akademischer Verlag, Heidelberg.

Krämer, S. (2009): Gibt es eine Performanz des Bildlichen? Reflexionen über ‚Blickakte' – na, 2011.

Kreuzberger, St. & V. Thurn (2014): Harte Kost: Wie unser Essen produziert wird. Auf der Suche nach Lösungen für die Ernährung der Welt – Ludwig Verlag, München. 320 S.

Küppers, J. (2000): Römische Antike. Religion und Kult – In: Mensch und Tier in der Geschichte Europas. P. Dinzelbacher, Hg. Alfred Kröner Verlag, Stuttgart: 112-118.

Kuthmayer, F. (1928): Wiener Sagen – Österreichischer Bundesverlag für Unterricht, Wissenschaft und Kunst, Wien und Leipzig. 97 S.

Lammert, E. & W. Konschitzky, Hg. (2012): Banater deutsche Lebensformen: Beiträge zur regionalen Kulturgeschichte und Dialektforschung Band 6 – Banat Verlag Erding. 376 S.

Landfester, M. (2000): Wissenschaft – In: Mensch und Tier in der Geschichte Europas – P. Dinzelbacher Hg; Alfred Kröner Verlag, Stuttgart: 74-80.

Langer, S. K. (1979): Philosophie auf neuem Wege – Mittenwald, Mäander Kunstverlag. – Zitiert nach Weber, A. (2003).

Lau, T. (2012): Das große Buch der chinesischen Astrologie – Fischer Taschenbuch Verlag, Frankfurt am Main. 381 S.

Laudien, Anja (2000): Osteometrische Untersuchungen zum „altägyptischen Langhornrind" – München: Dissertation an der Tierärztlichen Fakultät der Ludwig-Maximilians-Universität. – Zitiert nach: Haager, A. P. (2011).

Lévi-Strauss, Claude (1996): Mythos und Bedeutung – edition suhrkamp, Einmalige Sonderausgabe. 283 S.

Lommel, P. v. (2012): Endloses Bewusstsein. Neue medizinische Fakten zur Nahtoderfahrung – 6. Auflage, Patmos. 439 S:

Long, W. J. (1959): Friedliche Wildnis – Henssel Verlag, Berlin.

Luikart, G., L.Gielly, L. Excoffier, J.-D. Vigne, J. Bouvet & P. Taberlet (2001): Multiple maternal origins and weak phylogeographic structure in domesticated goats – Proceedings of the National Academy of Sciences 98.10: 5927-5932.

Maag, V. (1983): Das Tier in den Religionen – In: Das Tier in der menschlichen Kultur – Zürcher Hochschulforum Band 5, Artemis Verlag Zürich: 7-18.

Mader, E. (2002): Die Macht des Jaguars. Natur und Weltbild der Shuar und Achuar in Amazonien – In: Metamorphosen der Natur. Sozialanthropologische Untersuchungen zum Verhältnis von Weltbild und natürlicher Umwelt – A. Gingrich & E. Mader (Hg.), Böhlau Verlag, Wien – Köln – Weimar: 183-222.

Mandl, F. (2003): Almen im Herzen Österreichs: Dachsteingebirge, Niedere Tauern, Salzkammergut, Totes Gebirge – ANISA, Haus i. E.: S. 268.

Maurer, G. (2015): Ziegenhaltung heute. Züchten und Halten von Milch- und Fleischziegen - Leopold Stocker Verlag, Graz – Stuttgart. 221 S.

McEwen, W. Mary (1987): Ecological Regions And Districts of New Zealand; Third Revised Edition – New Zealand Biological Resources Centre; Publication No. 5, Part 3. Department of Conservation, Wellington, New Zealand. 139 S.

Meyer, H. (2000): Frühe Neuzeit. Ernährung, Jagd und handwerkliche Produktion – In: Mensch und Tier in der Geschichte Europas, P. Dinzelbacher Hg. Alfred Kröner Verlag, Stuttgart: 293-307.

Meyer, H. (2000): 19./20. Jahrhundert. Wissenschaft – In: Mensch und Tier in der Geschichte Europas – P. Dinzelbacher Hg. Alfred Kröner Verlag, Stuttgart: 492-522.
Micha, R., S. K. Wallace & D. Mozaffarian (2015): Red and Processed Meat Consumption and Risk of Incident Coronary Heart Disease, Stroke, and Diabetes Mellitus. A Systematic Review and Meta-Analysis – Circulation 121: 2271-2283.
Mutzl, S. (1845): Über die Verwandtschaft der germanisch-nordischen und hellenischen Götterwelt – Verlag von A. Ch. Fromm, Ingolstadt. 17 S.
Naderi, Saeid, H.-R. Rezaei, F. Pompanon, M. G. B. Blum, R. Negrini, H.-R. Naghash, Ö. Balkiz, M. Mashkour, O. E. Gaggiotti, P. Ajmone-Marsan, A. Kence, J.-D. Vigne & P. Taberlet (2008): The goat domestication process inferred from large-scale mitochondrial DANN analysis of wild and domestic individuals – PNAS vol. 105, no. 46: 17659-17664.
Nawroth, Chr., E. von Borell & J. Langbein (2014): Exclusion Performance in Dwarf Goats (Capra aegagrus hircus) and Sheep (Ovis orientalis aries) – PLoS ONE 9(4): e93534. doi:10.1371/journal.pone.0093534
Neger, B. (2009): Moderne Hexen und Wicca. Aufzeichnungen über eine magische Lebenswelt von heute – Böhlau Verlag Wien – Köln – Weimar. 208 S.
Neumayr, U. J. (2001): Unter schneebedeckten Bergen – Entwicklungen der Landwirtschaft im Pinzgau im Langen 20. Jahrhundert, ca. 1890-1990 – Dissertation zur Erlangung des Doktorgrades an der Geisteswissenschaftlichen Fakultät der Universität Salzburg. 210 S.
Nicholson, M. C. & T. P. Husband (1992): Diurnal Behavior of the Agrimi, *Capra aegagrus* – Journal of Mammology Vol. 73, No. 1: 135-142.
O'Brien, P. (1984): Feral goat home range: Influence of social class and environmental variables – Applied Animal Behaviour Science, vol. 12, no. 4: 373-385.
ÖBSZ – Österreichischer Bundesverband für Schafe und Ziegen (2015): Jahresbericht 2014. 60 S.
Ott, Martin (2011): Kühe verstehen. Eine neue Partnerschaft beginnt – Faro im Fona Verlag, Lenzburg. 173 S. Porter, V. (1996): Goats of the World – Farming Press; 179 S.
Parkes, J. P. (1990): Eradication of feral goats on islands and habitat islands – Journal of the Royal Society of New Zealand Vol. 20, No. 3: 297-304.
Parkes, J. P. (1993): Feral goats: designing solutions for a designer pest – New Zealand Journal of Ecology Vol. 17, No. 2: 71-83.
Pfaffenbichler, M. (2008): Helm und Schwert des Georg Kastriota, genannt Skanderbeg. – Jahrbuch des Kunsthistorischen Museums Wien Band 10, Verlag Philipp von Zabern: 150-159.
Pokorny, J. (2002): Indogermanisches Wörterbuch, Band 1 – Francke Verlag, Tübingen – Basel. 1183 S.
Porter, V. (1996): Goats of the World – Farming Press. 179 S.
Powers, A. (2014): Spider Silk: Stronger than Steel? Nature's Supermaterial – Berleley Scientific Journal 18 (1): 46-49.
Propp, W. (1972): Morphologie des Märchens – Carl Hanser Verlag, München. 232 S.
Puteani. E. Frh. v. (1919): Die Ziege, ihre Verbreitung, Haltung und Pflege – Verlag F. Tempsky, Wien. 49 S.
Rahmann, G. & B. Hauschild (2009): Ökologische Milchziegenhaltung: Welche Leistungen sind möglich? – In: Beiträge zur 10. Wissenschaftstagung Ökologischer Landbau Zürich, 11.-13. Februar 2009, Verlag Dr. Köster Berlin: 34-37.
Ranke-Graves, R. v. (2005): Griechische Mythologie. Quellen und Deutung – rowohlts enzyklopädie, Hamburg; 16. Auflage. 759 S.
Reed, Ch. (1969): The Pattern of Animal Domestication in the Prehistoric Near East – In: Ucko, P. J. & G. W. Dimbley (eds.): The Domestication and Exploitation of Plants and Animals – London: Duckworth: 361-380 – Zitiert nach: Haager, A. P. (2011).
Reed, Ch. (1970): Extinction of mammalian megafauna in the old world – Bioscience: 284-288.
Reuter, O. S. (1921): Das Rätsel der Edda – Verlag Deutsch-Ordens-Land, Sontra in Hessen. 174 S.
Roberts, M. (2002): Die Sprache der Pferde – Bastei Lübbe. 352 S.
Rohrecker, G. (2002): Druiden. Wilde Frauen. Andersweltfürsten. Das keltische Erbe in Österreichs Sagen – Pichler Verlag, Wien. 224 S.
Rothemann, G. (1997): Zeichnungen – Deutsche Akademie Villa Massimo Rom.
Rowe, B. (1988): Arapawa – Once Upon an Island – The Halycon Press, Wellington, New Zealand. 186 S.
Rübeling, S., D. Möller & G. Rahmann (2011): Sozioökonomische Analyse des Betriebsaufbaus von Milchschaf und Milchziegenbetrieben – In: Praxis trifft Forschung. Neues aus dem Ökologischen Ackerbau und der Ökologischen Tierhaltung 2011, G. Rahmann & U. Schumacher (Hg.): 85-98.

Saffert, E. (1921): Studien über die gemsfarbige Pinzgauer Ziege – Dissertation zur Erlangung der Doktorwürde der Hochschule für Bodenkultur in Wien.

Sartre, J.-P. (1949/1993): Das Sein und das Nichts – Hg. Traugott König. Reinbeck – zitiert nach Sybille Krämer (2009).

Schenda, R. (1995): Das ABC der Tiere. Märchen, Mythen und Gedichte – Verlag C. H. Beck, München. 435 S.

Schifter, H. (1974): Private Tierhaltung in Wien – In: Naturgeschichte Wien, Band 4. Jugend und Volk Wien München: 439-464.

Schleidt, W. M. & M. D. Shalter (2003): Co-evolution of Humans and Canids. An Alternative View of Dog Domestication: Homo Homini Lupus? – Evolution and Cogn. Vol. 9, no 1: 57-72.

Schlender, J. H. (1937): Germanische Mythologie. Religion und Leben der Germanen – Herbert Stubenrauch Verlagsbuchhandlung.

Schmidtgen, H. (2004): Der Mensch als störendes Tier. Über psychophysiologische Zeitexperimente, 1850-1890 – Böhlau Verlag Köln Weimar Wien: 251-265.

Schmitt, Ch. (2005): Über das Erinnern in der Hofkunst Alfonso d'Estes. Ein kunsthistorischer Versuch zur Theorie des kulturellen Gedächtnisses – Dissertation zur Erlangung der Doktorwürde des Doktors der Philosophie der Universität Hamburg.

Schmitt, O. J. (2009): Skanderbeg. Der neue Alexander auf dem Balkan – Verlag Friedrich Pustet, Regensburg. 432 S.

Schmuckli, L. (2012): Hüllen und Füllen – www.ethische-interventionen.ch

Schneider, M. K.: Das Flehmen – Der Zoolog. Garten, (NF) 3, 1930: S.183-198; 4, 1931: 349-364; 5, 1932/33: 200-226; 287-297; 7, 1934: 182-201.

Schober, Ch. (2003): Ziegenprodukte aus ernährungsphysiologischer Sicht – Bericht über die 2. Fachtagung für Ziegenzüchter und -halter, 18. November 2003, BAL Gumpenstein: 23-25.

Schöffl-Poll, E. (Hg.) (2015): Weinbeergoaß – Verlag Berger, Horn.

Scholz, W. (2002): Ziegenmilchveredelungsmöglichkeiten in der Praxis – Bericht über die 1. Fachtagung für Ziegenzüchter und -halter, 12.-13. November 2002, BAL Gumpenstein: 11-13.

Schröder, E. (1944): Deutsche Namenskunde. Gesammelte Aufsätze zur Kunde deutscher Personen- und Ortsnamen – Göttingen. Zitiert nach Graf, M. H. (2006).

Schultze-Westrum, Th. (2000): Die Bezoarziege – In: Grzimeks Tierleben, Säugetiere 4; Lizenzausgabe für Weltbild Verlag, Augsburg: 485-490.

Schwab, G. (1954): Die schönsten Sagen des klassischen Altertums – Verlag Carl Ueberreuter, Wien – Heidelberg. 716 S.

Shackleton, D. M. & C. C. Shank (1984): A Review of the Social Behavior of Feral and Wild Sheep and Goats – Journal of Animal Science Vol. 58, No. 2: 500-509.

Sheldrake, R. (2003): Der siebte Sinn der Tiere – Ullstein. 527 S.

Shepard, P. (1998): Thinking animals: animals and the development of human intelligence – Athens, Georgia: University of Georgia Press – Zitiert nach Weber, A. (2003).

Sikes, W. (1880): British Goblins, Chapter IV Mountain Fairies – http://sacred-texts.com

Slavnitsch, K. (2008): Einfluss einer Umgruppierung auf das Sozialverhalten von Milchziegen – Diplomarbeit zur Erlangung der Würde einer Magistra medicinae veterinariae der veterinärmedizinischen Universität Wien. 30 S.

Sneberger, N. (1999): The tragedy of the Bukovica goat – The goat farmer, May/June 1999: 16-18.

Soulé, M. E. (1980): Threshold for survival: maintaining fitness and evolutionary potential – In: Conservation Biology. An Evolutionary-Ecological Perspective – Eds. M. E. Soulé & B. A. Wilcox; Sinauer Associates, Inc.; Sunderland, Massachusetts: 151-169.

Späth, H. & O. Thume (1997): Ziegen halten – Verlag Eugen Ulmer, Stuttgart. 216 S.

Stanley, Chr. R. & R. I. M. Dunbar (2013): Consistent social structure and optimal clique size revealed by social network analysis of feral goats, *Capra hircus* – Animal Behaviour Vol. 85, Issue 4: 771-779.

Stegmann v. Pritzwald, F. P. (1924):Die Rassengeschichte der Wirtschaftstiere und ihre Bedeutung für die Geschichte der Menschheit – Verlag Gustav Fischer, Jena. 371 S.

Steiner, C. J. (1891): Die Tierwelt nach ihrer Stellung in Mythologie und Volksglauben, in Sitte und Sage, in Geschichte und Literatur, im Sprichwort und Volksfest. Kulturgeschichtliche Streifzüge – Gotha. Verlag von E. F. Thienemanns Hofbuchhandlung; 142 S.

Steiner, G. (1993): Wunderkammer Hohe Tauern. Über Mythen und Sagen InnerGebirg – Otto Müller Verlag Salzburg – Wien. 248 S.

Sütterlin, Chr. (1994): Das Hornmotiv als Dominanzsymbol – In: Kulturethologie. Über die Grundlagen kultureller Entwicklungen – Max Liedtke (Hg.), Realis Verlags-GmbH, München: 229-255.

Sütterlin, Chr. (2000): Die Sirene als Bildmotiv zwischen Funktion und Dekoration. Mythenforschung als Bild- und Ideengeschichte – In: Relikte – Der Mensch und seine Kultur. Matreier Gespräche, Schriftenreihe der Otto-Koenig-Gesellschaft, Wien. austria medien service, Graz: 233-259.

Uhler, J. (1994): Die Macht der Augen – In: Kulturethologie. Über die Grundlagen kultureller Entwicklungen. Max Liedtke (Hg.). Realis Verlags-GmbH, München: 282-298.

Vilà, C., P. Savolainen, J. E. Maldonado, I.R. Amorim, J. E. Rice, R. L. Honeycutt, K. A. Crandall, J. Lundeberg & R. K. Wayne (1997): Multiple and Ancient origins of the Domestic Dog – SCIENCE vol. 276: 1687-1689.

Wachtendorf, T. (2006): Aber der Löwe spricht eben nicht! Anmerkungen zu einer Kontroverse –

In: Gasser, Georg u.a. (Hrsg.): Beiträge der Österreichischen Ludwig Wittgenstein Gesellschaft, Kirchberg am Wechsel 2006. S. 362-364.

Waiblinger, S., C. Schmied, C. Graml, D. Mersmann, E. Nordmann & S. Szabo (2008): Haltung von behornten und unbehornten Milchziegen in Großgruppen – Forschungsprojekt 100191 des BMLFUW, Zwischenbericht. 82 S.

Waiblinger, S., C. Schmied-Wagner, D. Mersmann & E. Nordmann (2011): Haltung von behornten und hornlosen Milchziegen in Großgruppen – Beiträge zur 11. Wissenschaftstagung Ökologischer Landbau, Justus-Liebig-Universität Gießen, 15.-18. März 2011, Band 2: 140-141.

Waiblinger, S. & C. Menke (2014): Haltung von Ziegen im Laufstall – Veterinärmedizinische Universität Wien, Institut für Tierhaltung und Tierschutz. 47 S.

Walbank, F. W. (1979): A historical commentary on Polybius – Oxford, Clarendon: S. 429; zitiert nach Haymann (2013).

Walther, L., Hg. (2003): Antike Mythen und ihre Rezeption. Ein Lexikon – Reclam, Leipzig. 255 S.

Wallner, R. M. (2004): Alte Rassen Ziegen und Schafe – Forschungsendbericht zum Projekt Nr. 1148 GZ 24.002/17-IIA1a/00 ‚Alte Rassen kleiner Hauswiederkäuer in Salzburg am Beispiel von Pinzgau und Pongau: Vorkommen und Stand der Bedrohung, Nutzungskonflikte und alternative Nutzungsformen zur In-Situ-Erhaltung' – Im Auftrag von Bundesministerium für Land- und Forstwirtschaft, Umwelt und Wasserwirtschaft, Bundesministerium für Bildung, Wissenschaft und Kultur, Wien, und Land Salzburg. 127 S.

Wallner, R. M. (2006): Zur Funktion der Hausziege im Bergweide-Ökokomplex – Sauteria 14: 223-239.

Wallner, R. M. (2012): Pfauenziegen bewerten: Benoten ihrer Merkmale und deren Gewichtung. – ARCHE Austria, Ausgabe 1/2012: 20-21.

Wasserbacher, B. (2002): Ernährungsphysiologischer Wert der Ziegenprodukte. Unterschiede zu herkömmlichen Lebensmitteln; Bericht über die 1. Fachtagung für Ziegenzüchter und -halter; 12.-13. November 2002, BAL Gumpenstein: 9-10.

Weber, A. (2003): Natur als Bedeutung. Versuch einer semiotischen Theorie des Lebendigen – EPISTEMIA. Würzburger Wissenschaftliche Schriften Band 441. Königshausen & Neumann, Würzburg. 201 S.

Weeber, E. (2010): Die Habergoaß – Perschtenbladl. Brauchtum und Mythologie im Jahreslauf – Perschtenbund Soj, Kirchseeon; 3. Jahrgang, Blatt 2: 1-4.

Werth, E. (1939) Grundsätzliches Problem der Haustierwerdung – In: Die Naturwissenschaften Bd. 27, Heft 17. Berlin: Verlag, pp.: 271-274. Zitiert nach: Haager, A. P. (2011): Die Domestikation des Altägyptischen Langhornrindes in Afrika. Eine Historische – Archäologische Evidenz – Diplomarbeit, Univ. Wien. 179 S.

Wiesbauer, H. (o. J.): Der Bisamberg. Naturjuwel in unserer Hand – www.life-bisamberg.at. 20 S.

Wittgenstein, Ludwig: Tractatus logico philosophicus. Philosophische Untersuchungen – Suhrkamp Frankfurt, 2000: 620 S.

Wokac, Ruth M. (1994): Über den Umgang des Menschen mit der Natur am Beispiel von Parks – In: W. Holzner Ed. Parks – Kunstwerke oder Naturräume. Zur ökologischen Bedeutung von Grünanlagen – Grüne Reihe des Bundesministeriums für Umwelt, Jugend und Familie, Wien; Band 6: 58-63.

Wokac, Ruth M. (1999): Zur Nahrungsökologie rezenter und vorzeitlicher Pflanzenfresser. Gedanken zum Natürlichen Landschaftscharakter Mitteleuropas – In: K. Hochegger & W. Holzner (Hsg.): Kulturlandschaft – Natur in Menschenhand. Naturnahe Kulturlandschaften: Bedeutung, Schutz und Erhaltung bedrohter Lebensräume – Grüne Reihe des Bundesministeriums für Umwelt, Jugend und Familie Wien, Band 11: 155-218.

Wokac, Ruth. M. (2003): Bedeutung der Inzucht bei Tauernschecken-Ziegen – Archiv für Tierzucht Dummerstorf 46, 5: 455-469.

Yokom, Ch. F. (1967): Ecology of Feral Goats in Haleakala National Park, Maui, Hawaii – American Midland Naturalist vol. 77, no. 2: 418-451.

Zeder, Melinda A. (2008): Domestication and early agriculture in the Mediterranean Basin: Origins, diffusion, and impact – PNAS vol. 105, no. 33: 11597-11604.

Zerling, C. & Ch. Schweiger (2005): Masken im Alpenraum. Perchten, Tresterer, Wilde Leut'… - Leopold Stocker Verlag, Graz – Stuttgart. 159 S.
Zwernemann, J. (1995): Religiöse und magische Glaubensvorstellungen bei westafrikanischen Savannenvölkern – In: Aberglaube, Magie, Religion. Matreier Gespräche – Schriftenreihe der Forschungsgemeinschaft Wilhelminenberg, Max Liedtke (Hg.), austria medien service, Graz: 82-97.
Zwierlein, Konrad Anton (1816/1819): Die Ziege als beste und wohlfeilste Säugamme: Zur Minderung des menschlichen Elends. Empfohlen von einem erfahrenen Arzte; Teil 1/2 – Stendal, Franzen & Große; zitiert nach Arwed Bouvier & Jürgen Borchert, Hg. (1996); Eulenspiegel-Verlag, Berlin: S. 7-21.

Bibliographie

Domestikation

Benecke, N. (2001): Der Mensch und seine Haustiere. Die Geschichte einer jahrtausendealten Beziehung – Theiss, Lizenzausgabe für den Parkland Verlag, Köln. 470 S.
Hemmer, H. (1983): Domestikation. Verarmung der Merkwelt – Verlag Vieweg & Teubner. 160 S.
Herre, W. & M. Röhrs (1990): Haustiere zoologisch gesehen – 2., völlig neubearbeitete und erweiterte Auflage. Gustav Fischer, Stuttgart – New York. 412 S.

Gesundheit

Achammer, N. (2008): Ziegen natürlich halten und heilen – Oertel Und Spoerer GmbH. 128 S.
Erkens, Ch. (2006): Homoöpathie für Schafe und Ziegen – Ulmer, Stuttgart. 96 S.
Morand-Feher, P. (Ed.) (1991): Goat nutrition – Pudoc Wageningen. 308 S.
Smith, M. C. & D. M. Sherman (1994): Goat Medicine – Williams & Wilkins. 620 S.
Winkelmann, J. (1995): Schaf- und Ziegenkrankheiten – Ulmer, Stuttgart. 128 S.

Haltung & Tierschutz

Arnold, A. & R. Reibetanz (2010): Alles für die Ziege – Handbuch für die artgerechte Haltung – pala Verlag, Darmstadt. 158 S.
Birnkammer, H., F.-M. Konrad, W. Münster & I. Simon (1993): Milch- und Fleischziegen – Landwirtschaftsverlag Münster-Hiltrup. 271 S.
Brörkens, N. (2010): Ziegen artgerecht und natürlich halten – Kosmos Stuttgart. 132 S.
Dymanski, U. (1994): Selbstversorgen durch Ziegenhaltung. Der Ratgeber für Aufzucht, Pflege und Nutzung – Motorbuchverlag, Stuttgart. 240 S.
Gomringer, Anne-Kathrin (2013): Unsere ersten Ziegen – Ulmer, Stuttgart, 95 S.
Hagenkötter, A.-M. (2010): Ziegen. Treue Freunde mit Köpfchen – Cadmos Verlag, Schwarzenbek. 79 S.
Korn, v. St., U- Jaudas & H. Trautwein (2013): Landwirtschaftliche Ziegenhaltung – Verlag Eugen Ulmer; Stuttgart. 236 S.
Späth, H. & O. Thume (1997): Ziegen halten – Verlag Eugen Ulmer, Stuttgart. 216 S.
Waiblinger, S. & C. Menke (2014): Haltung von Ziegen im Laufstall – Veterinärmedizinische Universität Wien, Institut für Tierhaltung und Tierschutz. 47 S.

Rassen

Dittrich, K. & K. Seuser (2007): Schaf- und Ziegenrassen – aid infodienst Ernährung, Landwirtschaft, Verbraucherschutz. 70 S.
Fazokas, M. (2013): Mythos Tauernschecken – Zwickau, 200 S.
Grünenfelder, H.-P. (2003): Landwirtschaftliche Genressourcen der Alpen – Bristol-Schriftenreihe Band 11. Bristol-Stiftung; Haupt. 178 S.
Haller, M. (2000): Seltene Haus- und Nutztierrassen – Leopold Stocker Verlag Graz – Stuttgart. 176 S.
Jaritz, G. (2014): Seltene Nutztiere der Alpen. 7000 Jahre geprägte Kulturlandschaft – Verlag Anton Pustet. 336 S.
Löhle, K. & W. Leucht (1977): Ziegen und Schafe – Verlag Eugen Ulmer, Stuttgart. 183 S.

ÖNGENE: Die gefährdeten Nutztierrassen Österreichs – Österreichische Nationalvereinigung für Genreserven.
Porter, V. (1996): Goats of the World – Farming Press. 179 S.
Sambraus, H.-H. (1994): Gefährdete Nutztierrassen – Ulmer, Stuttgart. 384 S.
Sambraus, H.-H. (1996): Atlas der Nutztierrassen – Ulmer Stuttgart. 304 S.
Weber, M. (2015): Schweizer Ziegenrassen Tischkalender – Calvendo Verlag GmbH.
Weiss, U. (Hg. (1996): Schweizer Ziegen – Bisikon. 132 S.

Tierkommunikation

Deppe, P. (2013): Das verborgene Ich. Über das Tier zum Menschen und zurück. – Frieling Verlag, Berlin. 176 S.
Kinkade, A. (2006): Tierisch einfach. WARUM und WIE Sie Tiere verstehen und mit ihnen sprechen können. – G. Reichel Verlag. 360 S.
Roberts, M. (2002): Die Sprache der Pferde. – Bastei Lübbe. 352 S.
Sheldrake, R. (2003): Der siebte Sinn der Tiere. – Ullstein. 527 S.

Quellenverzeichnis der Abbildungen

Arapawa-Ziegen © Michael Trotter, New Zealand Arapawa Goat Association
Aigeira-Ziegen-Münze: LHS Numismatik AG, Auktion 96, 8.5.2006, Nr. 392 – © F. Haymann
Bauernhaus in Frohnleiten, Steiermark – © Peter Eder, Architektur: Weichlbauer/Ortis
Bronzemünze unter Caracalla, 213/4 n. Chr. Die Ziege (im Lorbeerkranz) legt ihren Vorderlauf auf einen kleinen Altar. Legende: ΑΝΤΩΝЄΙΝΟVΠΟΛ(ЄΩC) ΑΙΓ(ЄΙΑΩΝ) (= „[Münze] der Antoninusstadt der Aigeaier") – Abb. 3. aus Haymann (2013)
Bronzemünze unter Herennia Etruscilla, 250/1 n. Chr. Ziege linkshin in Zodiakos liegend, den Kopf zurückgewandt / (im Feld) ΑCΚΛΗΠΙ|ΟΥΠΟΛΕ(ως) | ΑΙΓЄΑΙω|Ν (=„[Münze] der Asklepiosstadt der Aigeaier"), Perlkreis – Abb. 4. aus Haymann (2013)
Burenziegen in Macken, DE – © Sabine Pörsch
Im 21. Jahrhundert dürfen kleine Mädchen mitunter auf ihrem Ziegenbock reiten – © Familie Pirker, Gmünd (K).
Kilikien Stater 450-400 v.Chr., Silber; Gewicht: 10,91 g; Durchmesser: 20,20 mm. Vs.: Ephebe mit Peitsche linkshin auf Pferd sprengend während er auf dem Rücken des Pferdes wendet, darunter Π; Rs.: ΚΕΛΕ / Ziegenbock linkshin liegend, Kopf n. r. – aus www.ma-shops.de, Katalognummer: SNG Levante 19; SNG von Aulock 5623; SNG France 51 – © F. Haymann
Marie Egner, Ziegenhirte. Radkersburg 1850 bis 1940 Maria Anzbach. Öl auf Karton 17,4 x 24,5 cm, Rückseitig Stempel der VBKÖ – © Kunsthandel Freller Antikhaus GesmbH, Linz.
Prunkhelm Georg Kastriota, genannt Skanderbeg um 1460 – © KHM-Museumsverband
Rauriser Schulmädchen in täglicher Begleitung ihrer Lieblingsziege, Ende 1930/ Anfang 1940 – Archiv Familie Rasser, Rauris (S).
Tauernscheckenböcke im Schlaraffenland © Johann Wallner
Zeichnung zweier schwarz-weißer Tiere, 1997 – © Gabriele Rothemann, Wien

Sofern nicht mit ‚Archiv' bezeichnet, stammen alle anderen Aufnahmen von der Verfasserin.

Wichtige Adressen zu Ziegenzucht und Rasseerhaltung im deutschsprachigen Raum

Österreich:

Österreichischer Bundesverband für Schafe und Ziegen ÖBSZ
Dresdner Straße 89/19
1200 Wien
www.alpinetgheep.com

Schaf- und Ziegenzuchtverband Kärnten eGen
Museumgasse 5
9020 Klagenfurt
www.alpinetgheep.com/ueber-uns-1146.html

Nö. Landeszuchtverband für Schafe und Ziegen
Linzerstraße 76
3100 St.Pölten
www.schafundziege.at

Landesverband für Ziegenzucht und Ziegenhaltung Oberösterreichs
c/o Landwirtschaftskammer OÖ
Auf der Gugl 3
A-4021 Linz
www.ziegenland.com

Salzburger Landesverband für Schafe und Ziegen
Schwarzstraße 19
5020 Salzburg
www.schafe-ziegen-salzburg.at

Steirischer Schaf- und Ziegenzuchtverband eGen
Pichlmayergasse 18
8700 Leoben
www.alpinetgheep.com/ueber-uns-1172.html

Tiroler Ziegenzuchtverband
Brixner Straße 1
6020 Innsbruck
www.tiroler-ziegenzuchtverband.at

Vorarlberger Ziegenzuchtverband
Unterfeldstraße 38
6700 Bludenz
www.alpinetgheep.com/1250.html

Landeszuchtverband für Schafe und Ziegen Wien
Streffleurgasse 3/10
1200 Wien
www.alpinetgheep.at

ARCHE Austria – Verein zur Erhaltung seltener Nutztierrassen
Oberwindau 67
6363 Westendorf
www.arche-austria.at

Deutschland:

Bundesverband Deutscher Ziegenzüchter e.V. (BDZ)
Claire-Waldoff-Straße 7
10117 Berlin
www.ziegen-sind-toll.com

Gesellschaft zur Erhaltung alter und gefaehrdeter Haustierrassen e.V. (GEH)
Walburger Strasse 2
37213 Witzenhausen
www.g-e-h.de

Schweiz:

Schweizerischer Ziegenzuchtverband (SZZV)
Schützenstrasse 10
3052 Zollikofen BE
www.capranet.ch

ProSpecieRara Deutsche Schweiz
Hauptsitz
Unter Brüglingen 6
4052 Basel
www.prospecierara.ch

Sachregister